日日料理帖

高橋良枝

向10年來的美味說聲謝謝!!

《日日》是迎接創刊10週年的小小季刊雜誌。這本雜誌很小，出版它的出版社也很小，是個編輯只有我一個人的超小型雜誌，沒有贊助廠商也無廣告收入，頁數極少，販售書店也稱不上多的這樣一本雜誌竟然能夠持續發行10年，我要由衷地感謝購讀《日日》的讀者以及各方支持我們、提供幫助的眾多朋友。

創刊的契機是11年前的早春，我們在六本木巷子裡的某間餐館舉行的一場聚餐，參加的成員有料理家飛田和緒、攝影師公文美和、料理造型師久保百合子，以及以編輯為業的我。我們四個人是一起合作編製飛田和緒多本食譜書的同伴，就在餐會上，突然唐突地冒出了一句「那我們來做一本雜誌吧！」

「好耶！感覺會很好玩！」氣氛一下就熱絡了起來，完全沒去想這是多花錢、多辛苦的一件事，沒打過算盤、沒問過通路是否願意鋪貨，什麼計畫展望都沒有就直接向前衝去了。如今回頭想想，當時這麼無謀或許也不錯。若要說我未免也太青春有勁了吧，其實那時我已經年過60，差不多是與在場每一個人的母親同齡了……。

我們悄悄將這本雜誌的主題訂為「尋找日常生活中的小小幸福」，因為我們深信每天用心、珍惜地生活，正是幸福人生的不二法門。我們這群好奇心旺盛，喜歡吃、喜歡器物、喜歡旅行的朋友聚在一起時，總是「好好吃！」、「好可愛！」、「好棒！」的歡喜讚嘆不絕於耳，因此這10年來可說是「料理與器物，不時還有旅行」的日子所構成的。

這本《日日料理帖》是這10年間於《日日》發表的美味食譜集結。雖然持續了10年，但也只有3位料理家登場，有最早的成員飛田和緒，從第2期開始加入的細川亞衣，以及近年才登場的坂田阿希子。這3人都是料理家，但她們的料理性格卻是大異其趣。

飛田的廚房裡總有柴魚高湯的味道，細川的廚房飄散著橄欖油的香氣，而坂田的廚房則是充滿奶油味，這些味道所代表的正是3個人料理的特性。

還有另一個小地方可以顯現她們料理的特色。記憶中在飛田家吃飯從來沒用過刀叉，即使吃牛排也會事先切好，以筷子夾取。相反的，細川的料理則從未有筷子登場的機會，總是從法蘭絨餐具盒裡拿出擦得光亮的純銀刀叉，那坂田家呢？基本上是用刀叉，偶爾也會使用筷子。

料理是吃完的瞬間就消失的作品，人對於味道的記憶也會日漸淡去，正因為這樣，我才會這麼想在《日日》裡介紹這些充分顯現每個創作者個性的料理，結果便是這3名料理家登場。

《日日料理帖》介紹著發揮了3人料理個性的魚鮮料理、蔬菜料理、肉類料理，當然對這每一種素材她們都有自己的一套方法，但仍由我獨斷地決定「這個題目由這位來代表」，而關於每一道菜的想法或是料理的重點則是由掌廚的料理家來為我們解說，從文章中也透露著她們不同的個性。

一本書中可以感受到3人不同的料理個性，我想沒有比這更奢侈的美味了。我們就像是遇見甜美砂糖的螞蟻般，看見美味就忍不住聚集在一起，在「哇～哇～」、「嘩～嘩～」、「嚇～嚇～」、「咕嚕咕嚕」的讚嘆聲中，催生了《日日》，以追求美味為動力，一路走來歷經10年而成長至此。

高橋良枝

日日料理帖

目次

坂田阿希子的肉類料理

高橋良枝的昭和料理

〔食譜・體例〕

- 1小匙＝5cc，1大匙＝15cc，1杯＝200cc。
- 「鹽」指的是天然鹽，「橄欖油」使用的是特級初榨橄欖油，調味料因各廠牌相異而味道不盡相同，請依個人喜好增減。
- 「適量」意指使用剛好的分量，請依自己喜歡的味道調整；「適宜」則是視個人喜好的口味，選擇添加或不添加。
- 烹調方法是在食材已完成清洗、削皮、吐砂等事前準備後進行。
- 烹調時間、烤箱溫度等都只是大概，會因使用機種、烹調環境而改變，請視情況斟酌。火候大小若沒有特別提示便是指中火。

飛田和緒的魚鮮料理

料理、擺盤、撰文——飛田和緒
攝影——公文美和、廣瀨貴子
擺盤——久保百合子
文——高橋良枝（p.8）

Kazuo Hida
料理家。出生於東京都，遷居神奈川縣三浦半島十餘年，居住在能望見大海的高台上，與丈夫、女兒、貓一起生活，天天接觸著當季、附近種植的蔬果、捕獲的魚鮮，並擅長以家常口味為基本，活用這些食材做成料理。著有《飛田家的麵包料理 飛田和緒的吐司餐》（東京書籍）、《只要下點小工夫就能輕鬆完成 我的一週餐點》（家之光協會）、《下酒菜》（主婦與生活社）、《常備菜》（台灣版由合作社出版發行）等眾多書籍。

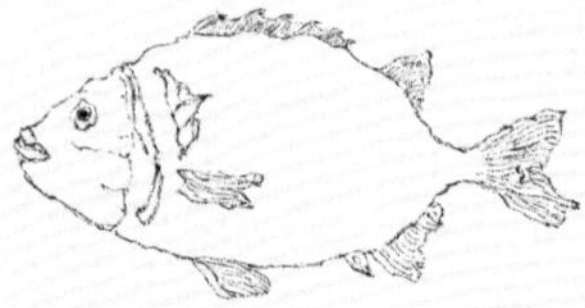

品嘗飛田和緒的料理時，總是油然冒出懷舊之感，溫馨且倍感親切。雖說如此，卻又與昭和時代的媽媽味有那麼點不同，我想了想，或許她的料理可說是一種「平成的媽媽味」吧！

飛田「從來不曾上過料理學校，亦未擔任過料理家的助手」，正因為她沒受過正統烹飪教育的訓練，才能夠成就出今日沒有他人影子的「飛田流和風料理」。

飛田從小就住在海邊小鎮，對於庭院裡掛著魚干或海藻，接受海風吹撫、陽光洗禮的景象是司空見慣。

「打漁維生的父親與母親真的教我很多。」

最理解魚的漁夫與漁人之妻直接傳授的處理魚的方式、吃魚的方法，一定非常多元。

「只要食材新鮮就一定好吃，所以這裡的人通常都是生的就直接享用。」

融合了新鮮食材及海口人的料理手法，構成了飛田流的料理口味。

日日伙伴最喜歡她做的一道料理就是以水煮魩仔魚做的魩仔魚蓋飯。將水煮魩仔魚大量地擺在飯上幾乎看不到下方有白飯的程度，大口大口扒來吃，這麼簡單的吃法其實需要一項很重要的作法，那就是放上烤海苔及打顆蛋，「然後將特級初榨橄欖油輕~輕地淋個幾圈，就很好吃，一定要這樣做來吃吃看！」

飛田魚鮮料理還有很多很多好料，像是小花枝不經過去內臟、軟骨、墨汁直接下鍋與蕪菁一起炒成一道菜，我想這也是靠海的小鎮才會有的作法。若不是食材夠新鮮，花枝的內臟可是很難拿來料理的。

飛田處理魚的方法來自許多師傅的傳授，但是能夠將處理好的魚鮮做出一道美味料理則是飛田自身的技術，即使如此，也並不難做，而是簡單就能想到的食譜，因為飛田總是站在作菜的人的立場上去設想。

「以前還在上班時，打扮及出去玩就夠忙了；薪水又常常不夠用，所以我想自己可以用一根紅蘿蔔、一顆馬鈴薯做出一道道菜的智慧，大概是那個時候練出來的。」

原來飛田那易親近、為作菜的人設想的料理之原點，是在她當粉領族的時代呀！

魩仔魚蓋飯

鮑魚天婦羅

> 作法 p.14

水針魚一夜干

> 作法 p.15

〆醋漬鯖魚

＞作法 p.15

鮑魚天婦羅

將鮑魚拿來炸成天婦羅吃是從打漁人那兒學來的。
從春初到夏天很容易買到鮑魚，
若是有小小損傷的鮑魚就會更便宜賣出，
這也算是一種海口人的特權吧！
九孔、海螺或章魚用同樣的方法烹調也很好吃。

■材料（2人份）
鮑魚……1隻
麵粉……½杯＋適量
蛋……½顆
炸油……適量
鹽……適宜

■作法
①拿刷子將鮑魚整個刷洗乾淨，從殼中取出肉來。
②切除口、吻等部位，並分切出腸子、肝臟、足部（即整個貝柱的部分）。
③將②的部分拭乾水分，再分別裹上薄薄的麵粉。
④將½顆蛋與水（分量外）加在一起成半杯的量，均勻打散，再加進½杯麵粉調勻成炸粉。
⑤炸油加熱到170℃，將③放進④去蘸取，再一個一個緩緩放進油鍋中炸。
⑥當麵衣炸到輕脆的程度後起鍋，瀝去炸油後盛盤，再依個人喜好沾鹽食用。

水針魚一夜干

當季的魚鮮拿來做成一夜干。不論是竹筴魚、日本鯷、梭子魚、金目鯛、花枝等等，沒辦法在新鮮時全都吃完，就拿來做成一夜干吧，我從小學會的。

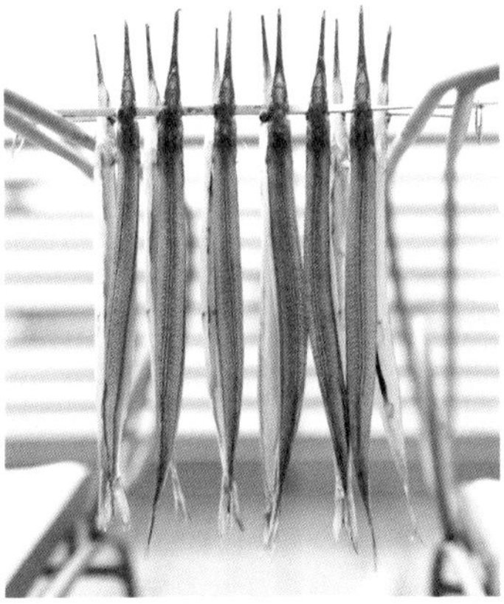

■材料
水針魚……適量
鹽……適量

■作法
①水針魚刮除鱗片，去內臟，抹上鹽後靜置1個小時。
②將魚身表面的水分仔細地擦乾，以竹串等棍狀物串在一起，或是擺在竹簍上經過一夜風乾。
③放在烤肉架上或進烤箱烤熟來吃即可。

＊鯷魚，台灣俗稱苦蚵仔，本書中的鯷魚皆為日本鯷。

〆醋漬鯖魚

說是以醋浸漬其實更接近以醋洗過，為一種淺漬的作法，主要是因為可以拿到新鮮、幾乎可直接生吃的鯖魚，這是海邊小鎮特有的美味。

■材料（1尾份）
鯖魚（片成3片）……1尾
鹽……2小匙
醋……4大匙
砂糖……1小匙
茗荷、薑（切絲）……各適宜

■作法
①鯖魚仔細拭去水分，撒上鹽後進冰箱放半天。
②將醋與砂糖調合，將①的鯖魚拿來用糖醋水洗去鹽分。
③將鯖魚放在調理盤上，放進冰箱放置1、2個小時，讓醋吃進魚肉後，拔除魚刺，去皮膜，魚肉片成薄片。
④將魚肉盛盤，裝飾上切絲的茗荷與薑。即可上桌。

手卷壽司

當家中有朋友或工作伙伴來時，
多會以新鮮的魚鮮來招待。
會喝酒的人可以直接將生魚片拿來下酒，
也可以用海苔搭配香料蔬菜捲起一塊吃。
想做成手卷壽司的人則是將醋飯放在海苔上，
再搭配個人喜歡的香料蔬菜與生魚片捲起來吃。
我最推薦的是花枝、白肉魚等
與紫蘇葉、芥茉、鹽、檸檬的組合。
調味的部分不一定只有山葵加醬油，
也可以是橄欖油與鹽、橄欖油與醬油、
鹽與香檬、柚子胡椒與醬油等，
藉由調味料與香料蔬菜的組合變化，
帶來各種不同口味的享受。

■材料（4人份）
當季鮮魚的生魚片……適量
珠蔥……1束
小黃瓜……1根
紫蘇葉……2束
醋橘、檸檬……各適宜
梅乾……2顆
醃蘿蔔……適宜
山葵、柚子胡椒……各適宜
鹽、醬油、橄欖油……各適宜
烤海苔（全片）……10片左右
醋飯……2杯左右

■作法
①珠蔥與小黃瓜切絲，紫蘇葉對半縱切，醋橘、檸檬切成容易擠汁的形狀，梅乾去籽後剁成泥狀，醃蘿蔔切成絲，烤海苔切四等分。
②取出大盤子將上述食材盛盤，與醋飯一同上桌。

＊此次準備的食材如左頁，自右上順時針起分別為花枝、鮪魚、鯛魚、比目魚。
＊這一天的菜色有：手卷壽司、炒花枝鬚、醋海帶芽、涼拌西洋菜。

紅燒石狗公

> 作法 p.22

炸竹筴魚

> 作法 p.22

奶油蒜烤海螺

> 作法 p.23

小花枝炒蕪菁

› 作法 p.23

紅燒石狗公

紅燒魚用的是當季的魚。
石狗公因為魚肉細緻鬆軟，
很適合拿來做這道菜，
魚皮富含膠質，十分美味。
只用魚肉也很好，
但能夠整尾紅燒，味道更棒。
融合魚頭、魚骨的高湯精華
讓紅燒醬汁的美味更上一層樓。

■材料（2人份）

石狗公……2尾
高湯……1/2杯
味醂、酒……各3大匙
醬油……2大匙
砂糖……1小匙
牛蒡……適量

■作法

①清除石狗公的內臟，在魚身上劃刀，將表面的水分擦乾。牛蒡切成4㎝長，較粗的部分再對半切，以熱水燙過去除土味。
②在鍋中將高湯與調味料調合後煮至稍微帶點稠度，將魚放入鍋中，邊淋醬汁邊煮5、6分鐘。
③石狗公煮至快熟要起鍋前將①的牛蒡下鍋一塊煮。

炸竹筴魚

魚鮮料理增加了許多精采好菜。
在當地，與炸竹筴魚一起亮相的炸梭子魚也很受到歡迎。
大約從梅雨季節開始可以捕捉得到小隻的梭子魚，
在魚攤上就看得到跟竹筴魚一樣已剖開處理好、
買回家即可炸來吃的梭子魚。
就一口氣炸一大盤竹筴魚或梭子魚，
邊呼呼吹走熱氣邊吃吧！

■材料（4人份）

竹筴魚（已剖肚處理好）……體型小的12～16尾
鹽、胡椒……各適量
麵粉……1杯
蛋……1顆
麵包粉、炸油……各適量
蘸醬、醬油、檸檬……各適宜

■作法

①蛋與水（分量外）共1杯打散後加入麵粉，做成炸衣。
②竹筴魚擦去水分，輕輕撒上鹽與胡椒，再依序蘸上①、麵包粉。
③將油熱至170℃，蘸了麵衣的竹筴魚下鍋炸至金黃，起鍋後與檸檬一起盛盤。依個人喜好擠上檸檬汁，或蘸醬、淋醬油食用。

奶油蒜烤海螺

自從在朋友家吃到這道菜以來，我在家請客喝酒時也常做來吃，只要將奶油填上，放進烤箱裡去烤就完成了，特別推薦加菇類一起烤。

■材料（8顆份）
海螺……8顆
杏鮑菇……2根
奶油……½杯
大蒜（磨成泥）……1瓣
巴西利（切碎）……2大匙

■作法
①將海螺自殼中取出，去除泥腸，螺肉切成小塊，杏鮑菇切成1㎝的方塊。
②奶油於常溫下退冰，混入蒜泥與巴西利。
③將①的螺肉與杏鮑菇塞進殼中，將1大匙的②蓋在殼上輕輕壓一下。
④烤箱以200℃預熱之後將食材放進去烤15～20分鐘即完成。

＊將料塞進殼裡去時不要塞得太用力，以免食用時不易取出。

小花枝炒蕪菁

一年到頭都有不同種的花枝，各自有著最美味的吃法。做菜的這一天，剛好買到小花枝，於是也不用取軟骨、內臟直接下鍋與蕪菁一塊炒。若換成初夏時會出現被稱為北魷的小隻魷魚也很好吃。

■材料（2人份）
小花枝……1杯份
蕪菁……2顆
酸豆……約2小匙
大蒜（切碎）……1瓣
橄欖油……1大匙
鯷魚……2～3片
黑胡椒……適量
檸檬……適宜

■作法
①小花枝洗淨後瀝乾，蕪菁切6～8等分，酸豆大略切碎。
②大蒜與橄欖油下鍋，以中小火爆香後將大蒜取出，再依序將鯷魚、蕪菁下鍋炒。
③炒至蕪菁變透明之後再加進小花枝一塊翻炒，將酸豆下鍋拌炒一下後即可起鍋，撒上黑胡椒。食用時依個人喜好擠上檸檬汁。

白蘿蔔與鯖魚丸子鍋

有時我會用鯖魚骨來熬高湯，不過這一次因為已經用了鯖魚來做魚丸，就改用昆布湯底來搭配。當地人習慣放完整的魚片，而不是做成魚丸。

■材料（4人份）

鯖魚（去骨）……1尾（450g左右）
白蘿蔔……$\frac{1}{2}$條
青蔥（切成蔥花）……10cm
薑（磨成泥）……1片
A（酒、味噌、片栗粉……各1大匙
昆布……長寬約5cm的1片
鹽……適量
山椒粉、七味粉等……各適宜

■作法

①鯖魚片下魚肉去骨，拿湯匙自中骨刮下魚肉。
②白蘿蔔切成約6、7cm的長條。
③將①與蔥花、薑泥與A加在一起，再以菜刀刀背邊剁邊混合成一體。
④鍋裡倒入5杯水（分量外）放進昆布，開火。快煮滾時取出昆布，加鹽，放進白蘿蔔一起煮。
⑤將③的魚泥以湯匙舀成丸狀丟入湯中煮熟即完成。食用時再依個人喜好撒上山椒粉、七味粉。

*編註：片栗粉以片栗之鱗莖為材料所製，片栗為百合目百合科片栗屬的植物。用法與太白粉相似，多作為料理勾芡、增添食品黏稠度之用。現有許多以片栗為名之商品因製作成本考量，改以馬鈴薯或樹薯加工製造。

蛤蜊湯炆白菜

雖然量不多，但三浦在地有產一些花蛤。
因為要把蛤蜊高湯跟蛤蜊肉分開使用，
拿來做這道菜有點小奢侈。
在這道菜裡，
蛤蜊只是用來熬出美味高湯的配角，
真正的主角是已煮軟、吸滿高湯的白菜。
熬過湯取出的蛤蜊從殼裡取下後，
以醬油、味醂熬煮入味，
成為另一道小菜——佃煮花蛤。

■材料（4～5人份）
蛤蜊……300g
白菜……½個
鹽、薄口醬油……各少許

■作法
①蛤蜊徹底刷洗外殼後放入鍋裡，倒入6杯水（分量外），開火。煮到開口的蛤蜊便自鍋中取出。
②白菜不去芯，縱切成4等分。
③將白菜放入蛤蜊高湯中，以小火煨煮至白菜變軟，再以鹽巴與薄口醬油調味即可。

鏘鏘燒

我曾吃過禮文島漁民以新鮮花魚做的「鏘鏘燒」，
好吃得令人吮指難忘。
肥美的花魚、鮮甜的蔬菜，
組合出豪邁的北國美味。
那一次之後，
我才知道鏘鏘燒並非一定要用鮭魚才行啊！

■材料（4、5人份）
鮭魚……半條，或去骨魚肉切分4～5片
鹽……適量
高麗菜……1/2棵　蘆筍……4根
紅蘿蔔……1根　青椒……2顆
鴻禧菇……1/2盒
沙拉油、奶油……各約2大匙
〔味噌醬〕
味噌……1杯
醬油……2大匙
酒、味醂、砂糖……各1/2杯
豆瓣醬（依個人喜好）……適宜
大蒜、薑（磨成泥）……各1瓣

■作法
①鮭魚抹鹽、蔬菜切成容易入口的大小。
②把所有製作味噌醬的調味料混合均勻。
③鮭魚擦去水分，熱鍋下油，放進鮭魚，再鋪上蔬菜後蓋上鍋蓋蒸，待蔬菜熟軟之後，開蓋淋上味噌醬，加進奶油，全部拌勻即可。

金目鯛涮涮鍋

可以用一整尾金目鯛來煮火鍋是住在海邊才有的奢侈。以魚骨、魚頭熬煮的鮮美高湯是最大亮點。最後可以加飯煮成雜炊或是加進烏龍麵，將美味享用到最後一滴。

■材料（4人份）
金目鯛魚片及魚骨……1整尾
昆布高湯……6杯
白蘿蔔……½根
青蔥……3根
鹽……1小匙
魚露……約1大匙

■作法
①昆布高湯與金目鯛魚骨先入鍋，開火煮滾，仔細撈除浮上水面的雜質，轉小火靜靜煮上20分鐘後，將魚骨撈起。
②白蘿蔔去皮，切成5cm長的細長條，青蔥切成斜薄片。
③將白蘿蔔放入①中煮至透明變軟後，加鹽及魚露調味。調理好的高湯上桌，將金目鯛魚片與青蔥輕輕涮熟即可享用。

*可以請魚攤幫忙把一整尾的金目鯛切分出魚骨與魚肉。魚肉較厚的部位片成魚片。若買不到一整尾時，也可以只用昆布熬高湯，並以生魚片用的金目鯛魚片取代。

芝麻漬鯷魚

這是住在千葉銚子的朋友教我做的醃漬鯷魚。
以甜醋將鯷魚確實醃漬之後，
會變得魚肉緊實、骨頭鬆軟，
整尾都可食用。
用新鮮的鯷魚來做，
儘管醃了很多天，
外皮仍是閃閃發光，非常美麗，
用少量的油簡單炸來吃也很美味。

■材料（2人份）
鯷魚……約10尾
鹽……1小匙
砂糖、醋……各1/4杯
薑（切絲）……1大塊
辣椒（切碎）……約1/2根
黑芝麻……約2小匙
味醂……約3大匙

■作法
①將鯷魚去頭與內臟後，撒鹽，進冰箱放一夜。
②將砂糖與醋倒入小鍋中加熱，待砂糖溶化後即可關火，放涼。
③將①快速地以水沖洗過，再確實擦乾。
④在容器中放入③，倒進②，撒上薑絲、辣椒末、黑芝麻及淋上味醂。蓋上保鮮膜，上方以平坦的調理盤或盤子輕壓兩晚醃漬入味後即完成。

涼拌竹筴魚泥

小時候某年夏天，
我曾在千葉海邊的民宿住了兩個星期，
天天都玩到天色很暗了才肯回到民宿。
當時每天都吃得到的一道菜
即為涼拌竹筴魚泥，
吃法是在白飯上撒很多的海苔，
然後放上竹筴魚泥一起吃。
竹筴魚切得很碎，
入口即化的口感，也很適合給小孩子吃。
當時民宿媽媽的調味是帶點甜味的。

■材料（4～5人份）
竹筴魚（片成3片）……約2尾
味噌……1～2小匙
醬油……少許
〔辛香料〕
茗荷（切碎）……1顆
青蔥（切碎）……5～6cm
青辣椒或糯米椒（切碎）……1～2根
大葉（切碎）……4～5片
薑（切碎）……1/2塊

■作法
①將竹筴魚去頭去骨去皮，剁碎。
②將①及辛香料都放在砧板上，加上味噌、醬油後邊剁邊拌在一塊。當所有食材變得黏稠之後即完成。

＊魚泥也可加進湯裡煮，或以錫箔紙包著烤來吃都很美味。

漬魷魚紅蘿蔔絲

多年前的夏天，
我認識了一家住在福島縣磐城市的朋友，
向他們學到這道地方料理。
磐城市是福島縣中靠海的地方，
先前便聽說那裡的料理多會用各式魚鮮，
比如炸丁香魚、海膽蓋飯等等，
都讓我非常心動，
這次我以手邊的食材來試做一道魚鮮料理，
據說是北海道松前漬的原型，
冬天的常備菜。

■材料（4人份）
魷魚乾……$\frac{1}{2}$片
紅蘿蔔……大的1根
醬油、味醂、酒……各$\frac{1}{4}$杯
砂糖……1小匙

■作法
①將魷魚乾及紅蘿蔔切成同樣細長的絲狀。
②在鍋中倒入所有調味料攪拌均勻後煮沸。
③在保存容器中將①與②倒在一起，浸漬一晚即可食用。放冰箱冷藏可保存1週左右。

和風涼拌海參

有次，朋友為了某事要向我道謝，
用塑膠袋裝了一大包的海參
「碰」地一聲塞給我，
這大概是一般海口人表示謝意的方法吧！
我沒有抓過或是切過一整隻生的海參，
戰戰競競地接觸、學著料理也是最近的事。
海參有紅海參、青海參等不同種類，
據說青海參的美味略勝一籌。

■材料
海參……1隻
白蘿蔔……適量
辣椒……適量

■作法
①蘿蔔磨成泥，以篩子瀝去多餘的水分，取一部分與辣椒混成辣味蘿蔔泥。
②海參縱切剖半，清除腸泥。若很在意海參黏稠的體液，就以大量的鹽搓洗，再用清水沖掉。
③海參切成易入口的薄片，與①輕拌在一起後盛盤。

涼拌章魚

每當有漁夫或是魚攤的人打電話來說有燙熟的章魚，
我一定馬上飛奔過去。
剛煮好的章魚非常軟嫩，味道特別香。
若是有客人來時，
我會做這道淋上大量新鮮番茄醬汁、
看起來色彩鮮豔，
引人食指大動的涼拌章魚。

■材料（4人份）
燙熟的章魚腳……1大隻（150g左右）
番茄……1顆
青椒……1顆
洋蔥……1/4顆
檸檬……1/2顆
鹽、胡椒……各適量

■作法
①番茄切成5㎜的小丁，青椒、洋蔥也都切碎，全放進調理盆中，擠上檸檬汁，輕輕拌勻後放置15分鐘。
②章魚腳切薄片，平鋪在盤子上。
③在①中加鹽、胡椒調味，上桌前鋪在章魚片上即完成。

鹿尾菜洋蔥沙拉

洋蔥盛產的初春時節，
也是三浦半島的海邊採得到大量鹿尾菜之時。
剛採好、燙熟，吃來鬆鬆軟軟的鹿尾菜
與洋蔥搭配起來正好。
沒有新鮮鹿尾菜的季節，
或是不便取得時，
用乾燥的鹿尾菜來做這道料理也一樣好吃。

■材料（4人份）
乾燥的鹿尾菜（泡水還原）……150g
新鮮洋蔥……小的1顆
鮪魚罐頭……小的1罐（80g）
醋、砂糖……各2大匙
鹽……1/4小匙
橄欖油……3大匙

■作法
①將醋、砂糖、鹽調合成醬汁，與切成薄片的洋蔥均勻混合。
②鹿尾菜泡水還原後擠乾水分。
③將擠乾的鹿尾菜與①、鮪魚罐頭連汁一起全都倒進調理盆中，淋上橄欖油，拌勻後即完成。

＊鮪魚罐頭可以用油漬或是非油漬的，各有美味之處。

荒布炊飯

這是我最喜歡的水煮魩仔魚專賣店「紋四郎丸」的老闆娘惠子教我的一道菜。
起源於某次我去她們店裡買魩仔魚，聽到她說「我們家今天要煮荒布炊飯」；她教了我這道炊飯的作法，當天晚上我們家也就出現這道荒布炊飯了。
一開鍋拌了拌，香味四溢，口感鬆軟，每顆飯粒都吸飽了荒布的鮮香，從此我就成為磯香荒布的愛好者。

■材料（容易製作的分量）

乾燥的磯香荒布（泡水還原）……約100g
紅蘿蔔……¼根、豆皮……½塊
高湯……1杯
醬油、味醂……各2大匙
鹽……少許
米……2杯

■作法

①用剪刀把磯香荒布剪成5㎜左右的小丁，紅蘿蔔與豆皮也切成同樣大小。
②在鍋裡倒入高湯與調味料，加入①稍微煮到入味後，關火靜置放涼。
③洗米濾乾，把米靜置於篩上約20分鐘。以②的湯汁加水將米煮成飯，湯汁與水加總的量就照平時煮飯時的水量即可。
④飯煮好後悶一段時間，接著把②的食材輕輕拌進飯中即完成。

*譯註：アラメ，中譯為磯香荒布，為褐藻的一種。

章魚炊飯

從春初到整個夏天都是佐島盛產章魚的季節。這兒的市場與魚販都會販售活跳跳的章魚，不過處理新鮮章魚實在太費工了，所以我喜歡買已燙熟的。

每間店處理過的章魚口感與鹹度不太一樣，試了幾家之後，終於找到了喜歡的口味。

在佐島當地，章魚大多是切成薄片、擺上切成細絲的白蔥，蘸醬油與山葵一起吃，章魚頭會切成小丁，與米一起下鍋煮成炊飯。

■材料（4人份）

燙熟的章魚……頭與腳，約2隻

紅蘿蔔……1/4根

米……2杯

高湯……與米等量（360cc）

薄口醬油……2小匙

薑絲或山椒芽等佐料……適宜

■作法

①米洗過、濾乾。

②將燙熟的章魚和紅蘿蔔切小丁，與米、高湯一起放入鍋中，加進薄口醬油拌勻後炊煮。

③飯熟後稍微悶一下，輕輕拌勻，盛碗，在飯上添點薑絲、山椒芽即可。

竹筴魚壽司

買到小隻的竹筴魚或鯷魚時，我會先做成生魚片來吃。吃不完的就抹點鹽、過一下醋，醃漬入味後，隔天吃依然美味。這一類青皮紅肉的魚種，除了可以搭配常見的紫蘇與薑絲外，也可以把糯米椒或青辣椒切小塊一起吃，味道稍微生嗆，剛好跟竹筴魚很搭。

■材料（8貫壽司）

竹筴魚（片成3片）……小型的4尾
鹽……$\frac{1}{3}$小匙
醋……約2大匙
醋飯……約3茶碗
糯米椒切小丁、紫蘇葉切成絲……各適量
醬油……適宜

■作法

①竹筴魚抹鹽後靜置半天，以醋浸洗，再放置1個小時。
②將①的竹筴魚去皮、去小刺，於背面的中間部位輕劃幾刀。壽司飯捏成一口大小，將竹筴魚擺在飯上後輕輕一握，盛盤。
③擺上紫蘇、糯米椒等香辛料，依個人喜好蘸醬油食用。

海帶芽株蓋飯

一到春天，
葉山、秋谷的海邊就會盛產海帶芽。
採集海帶芽時，
一定會連海帶芽莖、芽株一同採收，
這段期間當地人每天都會吃海帶芽株料理。

■材料（2人份）
海帶芽株……1～2根
白飯……適量
醬油、柑橘醋……各適宜

■作法
①海帶芽株以熱水燙過，去掉莖的部分切丁，再以菜刀剁出黏性。
②將白飯盛入碗中，放上剁好的海帶芽株，再依個人口味淋上醬油、柑橘醋食用。

細川亞衣的蔬菜料理

料理、擺盤、撰文 — 細川亞衣
攝影 — 日置武晴
文 — 高橋良枝（p.38）

Ai Hosokawa
料理家。生於東京，大學畢業後赴義大利，於歐洲各地旅行兼學習烹飪。返日後，以東京為據點展開料理家的各式活動。婚後搬往熊本，與陶藝家丈夫，女兒一起生活。主持料理教室「camellia」，示範以當地生產的蔬菜水果烹調的家庭料理之外，也在全國各地舉行各式與飲食相關的活動。著有《SOUP》（Little More）、《充滿愛的一盤》（筑摩書房）、《*30 Themes, 10 recipes*》（Lim Art）等。

當細川亞衣的料理展現在眼前時，我總是忍不住讚嘆，但幾乎不會有什麼衝擊感。

然而當左頁照片中的這道義式涼拌白菜端上桌時卻受到頗大的衝擊。亞衣已經走到這一步了，我在心底深處如此自語。

除了白淨的白菜之外，便再也沒有多餘之物的一道簡潔涼拌菜；我想，這正是細川亞衣這名料理家所欲追求的，將食材活用到極至的料理。

在熊本，有各式各樣當地特有的蔬菜，稱為「肥後蔬菜」，我希望這些菜都可以盡量地流傳後世。

比方說，細川亞衣的蔬菜料理中使用的長條類蔬菜如「一文字蔥」，或是長得像絲瓜的「春日南瓜」，原來這些都是熊本古早流傳下來的「肥後蔬菜」，我也是第一次看到。

肥後的蔬菜在亞衣的巧手調理之下，總是帶著義大利風情。畢竟亞衣是在義大利打下身為料理家的基礎，然而也不能如此簡單地就將她的料理說為是義大利菜，因為我認為細川亞衣的菜並不是義式料理，已可以說是亞衣式料理的境界了。

她待在義大利的時候，每每在餐廳、小鎮上的餐館吃到好吃的東西，一定會拜託人家讓她在廚房幫忙。

在homestay的家中，也跟那家的媽媽學習家常菜。從專業料理到家常料理，她對於所有的菜色都有強烈的欲望想一一吸收學得，並將學習那道菜的光景或是對教她的人的思念，寫在食譜之前，可以視為每一道料理誕生的背景故事。她在義大利的時間零零總總加起來也有7、8年之久。

細川亞衣的食譜，鹽的用量都只寫著「適量」，但難就難在這「適量」的地方。亞衣在烹調時都以手指抓取，瀟灑地在食材上撒一圈，我曾經站在旁邊拚命地想看出她到底一次抓了多少的鹽，但總還是搞不清楚，讓我十分地懊惱。她的菜吃起來一點也不會沒味道，卻也不會太鹹。我只能夠確定，細川亞衣的調味便是決定她的料理讓人感到「尾韻乾淨、清爽」的隱藏特技。

＊肥後為熊本的舊稱。

義式涼拌白菜

> 作法 p.42

油蒸一文字蔥

> 作法 p.42

紅酒醋漬肥後茄

> 作法 p.43

義式涼拌白菜

我住在佛羅倫斯時，
某天朋友找我去他家吃晚餐。
我忘了其他餐點有哪些，
唯獨這道只用了白菜與義大利培根（Pancetta）切長條，
以橄欖油、巴薩米克紅酒醋與鹽調味，
被稱為「中國高麗菜沙拉」的料理讓我久久難以忘懷。
在義大利，他們將大白菜稱作是「中國高麗菜」，
能夠學到這樣只要簡單地用好的油品去拌生白菜，
就可做成一道上得了檯面的宴客菜，
有種撿到寶物的感覺。
回到日本，我以荏胡麻油來做這道菜，
荏胡麻油的清爽加上白菜的輕脆口感，兩者搭配起來非常適合。

■材料
大白菜……適量
荏胡麻油……適量
醋……適量
粗鹽……適量

■作法
①將大白菜外側較硬的葉子去掉，只取中間較軟嫩的菜葉，順著纖維縱切成長條。
②將①淋上荏胡麻油抓勻，再淋上醋、鹽調味即完成。

油蒸一文字蔥

一文字蔥。
第一次到熊本時，
發現有這種名字像是小孩子童言戲語的菜後，
我馬上對在這塊土地上的生活充滿了期待。
一文字蔥在青蔥裡頭算是味道較濃的，蔥白嗆辣，
既可以像傳統作法那樣把蔥燙熟後捲成一圈圈，
淋上醋味噌吃，
也可以嘗試其他作法，可能性無限廣大。
一文字蔥的模樣，
與我早春漫無目的走在南義路邊看見的
那堆在小販推車上一束束小蔥重疊在了一起。
那段寂寞與美好交織的日子，至今記憶鮮明。

■材料
一文字蔥……大量
紅辣椒……適量
特級初榨橄欖油……適量
粗鹽……適量

■作法
①把一文字蔥洗乾淨，不需把水分濾得太乾，直接放入鍋中。
②加入切碎的紅辣椒與大量特級初榨橄欖油，撒上粗鹽後蓋上鍋蓋，開中火。中間將食材翻一次，使其上下受熱均勻。蒸煮到軟嫩即完成。

＊編註：一文字蔥為熊本當地的稱呼，接近台灣的珠蔥。
＊一文字蔥加熱後會縮水，最好多準備一點（約一人一束）。同樣的作法也可以用在其他蔬菜上，例如雪菜（類似高菜）或水菜。

紅酒醋漬肥後茄

在空氣拂過身上會感到有些涼爽的時節，
市場的一角開始出現一堆堆紫紅色、
其中又有像是褪了色的巨大茄子。
我第一次在熊本度過的那個夏天，
就被這種茄子給迷住了，
每次在蔬果攤上看到，
就會忍不住向它伸出手。
肥肥短短，碩大卻又意外地輕盈。
吃過各種茄子，沒想到會再遇上這種勾起我料理欲望的品種。
一日復一日，看著那給人清涼感受的紫色軀體，
想著該如何料理。
一切開，水含量多得驚人，但感覺又跟水茄子不一樣。
拿來炸，吸油吸得令人想哭，
用炒的或烤的則美麗的色澤盡失。
究竟該拿它怎麼辦才好？
某天，我試著將它整個拿去蒸，
再淋上少許的紅酒醋，讓它與酸味結合，
接著就只是放著等待時間來完成。
茄子釋出的水分完整融合了蔬菜的甘甜與香氣，
絕不是簡單的水而已，
只要嘗一口那淡紫色的汁液，
一切都會了然於心。

■材料（4人份）

肥後紫茄（紅茄）……4條
紅酒醋……適量
大蒜……1瓣
香草……適量（奧勒岡葉、巴西利、薄荷等）
橄欖油……適量
粗鹽……適量

■作法

①整條肥後紫茄放入鍋中，以大火蒸10分鐘左右（途中需翻面）。
②放涼後剝皮。
③將②撒鹽、淋上紅酒醋。大蒜切薄片，與香草一起撒在茄子上，淋上橄欖油，蓋上保鮮膜靜置數個小時，等待入味。
④將茄子的蒂頭切掉，用手撕成大片，盛裝在湯盤裡。將醬汁稍作過濾後淋在盤中，撒點鹽即完成。

橙香沙拉

> 作法 p.46

葡萄柚漬竹筴魚沙拉

> 作法 p.47

橙香沙拉

雖然遙距千里、時光流逝，
可是義大利的色彩與滋味總能清楚地竄上我的心頭。
柳橙是我心中鮮明的記憶之一。
安娜家的小院子裡、在她臥房窗外，
鄰居比帕先生一望無際的農園裡，
黃澄澄的果實總是在冬日藍空下閃耀著。
隔了很久之後，我重新去上料理學校時，
我很厭惡跟著其他學生一起照著食譜一步一步地做著菜。
如此之時，我會掐準平時總是嘈雜的學生宿舍廚房恢復寧靜的時刻，
溜進去做上一道橙香沙拉。
雖然動人的西西里美景不在眼前，
但酸甜的果汁與清爽的茴香味平撫了我躁動的心，
是當下最棒的一道佳肴。

■材料（4人份）
柳橙……4大顆（或8小顆）
茴香……1棵
紅洋蔥或洋蔥……1/4小顆
橄欖油……適量
葡萄酒醋……適量
粗鹽……適量
黑胡椒……適量

■作法
①柳橙剝去外皮，以水果刀把整顆削圓、削去薄皮後，切成厚度約7㎜左右的薄片。
②茴香剝掉外層較粗的纖維，切薄片（茴香的芯很甜，別扔掉，一起切薄片放進沙拉裡，漂亮的葉子也留下來）。洋蔥切薄片。
③把柳橙鋪在盤子上，撒上洋蔥與茴香薄片。
④淋一圈橄欖油，滴一丁點酒醋、撒上鹽、磨點胡椒。
⑤食材一層層堆疊之後，冰進冰箱冰鎮入味後即可食用。

葡萄柚漬竹筴魚沙拉

Cinque Terre 是義大利語的「五漁村」之意，
是位於義大利利古里亞大區（Liguria）沿海五個小鎮的統稱。
我曾在那裡吃到一道涼拌鯷魚。
而在與突尼西亞最北邊十分接近的西西里島海邊小鎮特拉帕尼（Trapani）
也吃過旗魚沙拉，
這兩道沙拉都只是在新鮮生魚片上
擠點檸檬汁放一下使酸味吃進魚肉中，
再加點香草、橄欖油及鹽就完成了。
因為簡單而成了最棒的料理，
也促使我忍不住想要嘗試更多有趣的組合，
真不知是好事還是壞事。
不過也許說不上好或壞，就只是一道涼拌菜而已。
但我想試了那麼多次，
也該端出我自認為最好吃、
最簡單也最棒的涼拌生魚沙拉了。

■材料（4人份）

竹筴魚……2大尾（或4小尾）
鹽……適量
葡萄柚……2顆
薄荷……5g
橄欖油……2大匙＋適量
粗鹽……適量

■作法

①竹筴魚去頭、內臟及稜鱗，洗淨後沿著魚骨片下魚肉，拔去魚刺，兩面抹鹽置於網上，進冰箱冷藏。葡萄柚去皮膜取果肉，同樣進冰箱冰鎮。
②竹筴魚冰30分鐘後取出，以鹽水清洗，擦乾水分後置於調理盤，葡萄柚1/2顆拿來榨汁淋在魚肉上，再進冰箱放10分鐘使其入味。
③竹筴魚去皮，切成容易入口的大小，盛盤。
④在③淋上與切成細絲的薄荷葉、2大匙橄欖油混和而成的醬汁。葡萄柚加橄欖油、鹽混合後，置於魚肉上即完成。

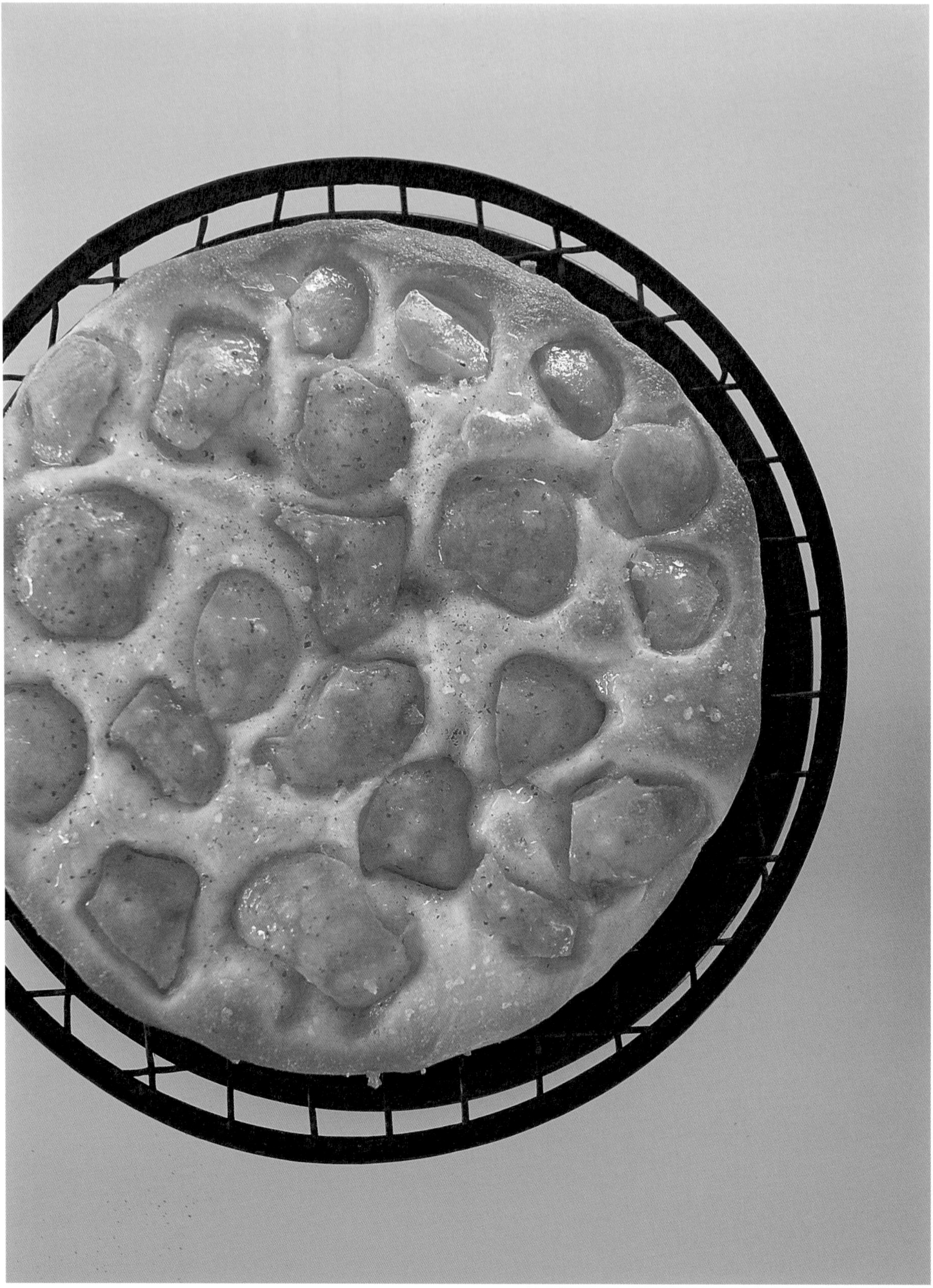

枇杷佛卡夏

> 作法 p.50

南瓜燉飯

> 作法 p.51

枇杷佛卡夏

阿方索（Alfonso）每次拿到好食材時總是高興得快飛上天。
有天他不知從哪拿到裝滿一整個塑膠袋的批把，
笑嘻嘻地拿到我面前說「看看我的枇杷！」
只見全是又小又撞得都是傷、
皮皺皺又泛著咖啡色的枇杷，
一點也不吸引人。
然而我試吃一口，忍不住叫了出來，
「這也太太太好吃了吧！」
「這是我媽媽家庭院裡的一棵老枇杷樹摘來的喲。」
此時的我根本聽不進他說的話，
一心一意只貪戀著那甜美如蜜的枇杷。
一般的枇杷其實味道清淡，
那時阿方索拿給我吃的卻讓我驚為天人，
理解到原來世界上還有這種枇杷呀！
我在做這款枇杷佛卡夏時，
在麵糰裡加進枇杷花蜜，上頭擺上果肉一塊進烤箱烘烤，
稍微重現了當時濃厚的枇杷味，
然而若是拿給阿方索吃，他一定會不屑地笑我，
沒錯，不論再怎麼努力，也比不上當時所吃的那顆枇杷。

■材料（4人份）

高筋麵粉……200g
乾燥酵母……2g
蜂蜜……10g
鹽……4g
溫開水……120cc
橄欖油……10g＋適量
枇杷……2~4顆
粗鹽……適量
蜂蜜（最後淋在成品上）……適量
肉桂棒……適量

■作法

①在調理盆中將高筋麵粉倒入，堆成一座山狀，再於中心挖個大洞，將乾燥酵母與蜂蜜加入其中。在旁邊挖小洞，放入鹽。
②在大洞裡將溫開水分次一點點加進去，用湯匙在進面攪拌，讓放了鹽的小洞慢慢崩塌，混合在一起，加進10g的橄欖油後再整個混合均勻。整個調理盆中的食材都混合在一起，手也不會沾到。
③將麵糰移到木檯子上，搓揉直到表面光滑，最後對摺，對摺口朝下，揉成圓形，表面抹上少量橄欖油後放進調理盆，蓋上保鮮膜，在溫暖的地方放置40~60分鐘，使其發酵至原來的2倍大小。
④從麵糰中心輕輕按壓，擠出空氣，再移往塗了橄欖油的砧板或是大烤盤，以指腹將麵糰向外推、延展成平面。
⑤蓋上保鮮膜，於溫暖的地方放置30分鐘左右，厚度增高一倍。將枇杷去皮去籽，果肉切成小塊。
⑥在⑤的麵糰上以手指戳洞，再擺進枇杷果肉，淋上橄欖油，均勻撒上粗鹽。
⑦以噴霧器再噴些水，進烤箱以220℃烤約15分鐘，過程中每5分鐘就打開來噴些水再繼續進烤箱烤。
⑧當麵包烤出焦黃的顏色後從烤箱中取出，淋上蜂蜜，將肉桂棒磨成粉撒在上面，放在網子上放涼後即可食用。

＊譯註：木檯子，一般家庭的情況可改為木砧板。

南瓜燉飯

義大利的南瓜又大又長，
瓜肉鮮豔，
吃起來卻水水的，令人失望。
以家鄉盛產的南瓜為傲的安娜一定也跟我一樣不愛義大利南瓜，
從老遠的地方嫁來的她，
在這兒的田裡播下了南瓜籽，
種出比自己那圓滾滾的臉蛋還胖嘟嘟的南瓜時，
滿面燦爛的笑容，我永遠不會忘記。
她用那顆南瓜做成的燉飯、義大利餃及南瓜麵疙瘩的美味，
就像西西里島燦爛的陽光，
長長久久照亮我心。

■材料（４人份）
南瓜……３００g（去掉絲瓤、瓜籽後）
高湯……約１ℓ
奶油……40g
米……１杯
鹽、胡椒……各適量
奶油（最後拌用）……40g
帕瑪森起司……８大匙

■作法
①南瓜去籽、去絲瓤，切成容易煮熟的大小。
②煮沸高湯，加點鹽巴，放入南瓜塊，轉小火續煮。
③南瓜稍熟後，另起一鍋用來煮燉飯，先熱鍋，以小火融化奶油，米不洗，直接倒入鍋內用木匙輕輕拌炒。
④撒點鹽巴，把米炒到發出「噗吱噗吱」聲響後，倒入高湯。
⑤湯汁變少後，用木匙像輕拂鍋底般輕輕攪拌，再補加些高湯、放進南瓜塊，以中小火續煮。
⑥再煮約15分鐘後，米粒快要接近彈牙程度時，添加的高湯量要減少，磨點胡椒，以鹽調味。
⑦米煮成彈牙的燉飯後，關火。加一點奶油、磨一些起司到鍋裡，同時快速攪拌使呈現光澤感即可起鍋。

洋蔥義大利麵

> 作法 p.54

義大利起司麵疙瘩

> 作法 p.55

洋蔥義大利麵

在橄欖樹林環繞的優雅宅邸內，巧緻的廚房裡，
我跟卡洛兩個人圍坐在餐桌前，
是一段頗為特別的時光。
其他有客人來的時候，
卡洛會把打獵帶回來的鵪鶉、鴿子、山豬
跟他用心養育、自豪的豬入菜款待，
可是讓我印象最深刻的菜色卻是那晚我們兩人獨處時，
他隨興而做的義大利麵。
每每憶起，總莫名讓我心暖暖。

■材料（4人份）

短義大利麵條……320g（通心粉或筆管麵均可）
粗鹽……適量
〔醬汁〕
洋蔥或紅洋蔥……4顆（約1kg）
橄欖油……1杯
辣椒……適量
水煮番茄……400g
粗鹽……適量

■作法

①洋蔥切片，不要切得太薄。
②辣椒連籽一起切碎。在平底鍋或炒鍋裡倒入橄欖油、洋蔥、辣椒後，開中火，拌炒至食材都裹上油了，蓋上鍋蓋、轉小火，悶煮30分鐘左右。途中偶爾攪拌，讓洋蔥煮到透明軟爛。
③打開鍋蓋，倒入搗碎的番茄，撒鹽，不加蓋以中火煮到湯汁收乾。
④麵條要煮得比彈牙還稍微硬一點，煮好後濾乾水分，倒入醬汁鍋中。開中火，讓麵條與食材均勻混合後，加鹽調味即完成。

義大利起司麵疙瘩

我第一次吃到義大利麵疙瘩（gnocchi）
是剛到義大利不久時，
被邀請去一個家族聚餐的場合，
於是在我心中，
深刻地留下了義大利麵疙瘩是喜慶節日吃的食物印象。
可是亞歷山卓拉會在家裡沒東西吃的時候，
做道簡單的義大利麵疙瘩給我。
她跟菜市場裡賣馬鈴薯的大叔（他的馬鈴薯很適合做
義大利麵疙瘩）像是彼此簽了約般，
可以向他買到大量要賣給高級餐廳等級的馬鈴薯。
家裡的麵條都吃光了，
蔬果室裡還滾著幾顆馬鈴薯。
我到現在還記得她用那雙細得可以折斷的手，
揉著好幾公斤的麵團，竟一點也不會覺得辛苦。
那身影跟她當了母親之後抱著孩子的模樣
常在我腦海交織重疊。

■材料（4～6人份）

〔義大利麵疙瘩〕
馬鈴薯（May Queen）……600g
高筋麵粉……約150g
肉荳蔻……適量
粗鹽……適量

〔醬汁〕
牛奶製半硬質起司……100g
奶油……60g
粗鹽……適量
帕馬森起司……適量
胡椒……適宜

■作法

①水煮馬鈴薯，水滾後轉小火，煮到可以用筷子輕易穿透，從水中撈起。馬鈴薯下鍋以小火乾煎，讓表面的水分蒸發。起鍋，趁熱將皮剝掉，用搗泥器搗碎後平鋪在木檯上放涼。
②倒上高筋麵粉，磨點肉荳蔻，用刮板把麵粉跟肉荳蔻拌進薯泥中。拌得差不多後，在木檯上揉成麵團。
③輕輕轉動麵團，將裡頭的空氣排出來，接著切成容易推揉的大小。
④木檯上撒點麵粉，用雙手的手掌輕柔地把小麵團推揉延展至約1cm厚。
⑤從兩端切成喜歡的長度，撒點麵粉，可以用手指或叉子在上面按出壓痕。做好的麵疙瘩一圈一圈放在調理盤上，不要重疊，擺在濕氣較少的地方。
⑥半硬質起司去皮，切成很薄的薄片。
⑦煮開一大鍋水，加鹽，麵疙瘩下鍋煮，浮起後就用濾杓舀起濾乾，倒進已用小火融化奶油的平底鍋中。
⑧所有義大利麵疙瘩都倒入鍋中後，撒上⑥的起司，視情況加點剛才煮麵疙瘩的熱水，煮至全部變軟後，盛盤。磨點帕馬森起司，視喜好撒點胡椒即完成。

栗子義大利麵

第一次挑戰作栗子義大利麵，
是在托斯卡尼經營肉攤的內德教我的。
加了鼠尾草、醃火腿炒過的栗子
與折成好幾段下鍋的義大利長麵
一起燉煮而熬出帶有稠度的湯汁，
對那時只知栗子的吃法可以水煮
以及做成炊飯的我而言，
是革命性的作法。
從那之後我便愛上栗子，
每年盛產期都用栗子嘗試著做各種義大利麵。
將水煮過的栗子過篩做成鬆軟的栗子粉，
可以在上桌前撒在料理上成為「栗之雪」，
或是水煮栗子置於篩子上，
與義大利麵一起加熱的智慧，
都是喜歡栗子的人才想得到的。
栗子不論是打散成鬆軟的口感
或是一整顆熱熱地吃的美味，
都得要靠篩子這個常見的廚房用具來實現。
栗子也好，篩子也好，都是自小就常見的，
如今卻能靠它們做出這道特殊的料理，
看來年紀增長也並不是壞事。

> 作法 p.62

春日南瓜濃湯

熊本一帶將南瓜稱為 boubura
據說是從葡萄牙語的南瓜（abobora）轉化過來的。
我先前不知道有這樣的語源由來，
對於肥後蔬菜中最具代表性的「春日 boubura」
有著無比的好奇。
春日南瓜拿來料理，味道淡白又多汁，
即使是現摘現煮也不會比較好吃。
本土種蔬果會消失一定有其原因，
但我想更因為如此，
可以在這塊土地上生根、流傳下來的，
就必定有它值得守護的價值存在。

> 作法 p.62

白腰豆湯汁短麵條湯

煮白腰豆時一定會剩下很多的湯汁。
不知為何，在煮豆、燙青菜時，
大家的眼睛老盯著固體的食材，
忘了煮食材的湯汁裡也飽含了豐厚好滋味。
提醒我這件事的人，是蒂瓦。
她與我非親非故卻願意傾囊相授，
這份溫情
與她教我作菜的廚房裡所發生過的一切往事，
都在我心底點燃了一盞未曾熄燄的燈，
指引著我方向。

> 作法 p.62

倫巴底湯

卡蘿家
那個窗外山丘上種植著一大片橄欖樹的廚房裡，
到處都是年月磨跎過後才有的色彩：
白底上描繪藍色花紋的托斯卡尼老磁磚、
長年使用磨出深棕色的舊桌子、深灰色的鍋子。
比起被招待到有著豪華吊燈與家飾的餐館享用大餐，
在這樣小巧廚房裡與家人共度晚餐的夜晚，
吃著這道
淋上主人引以為傲的自家生產橄欖油的料理，
才是人生最大的享受。

> 作法 p.63

櫛瓜烘蛋

布露娜
有著一頭夾雜著銀髮的平頭與邏邏貓似的眼瞳。
她每次騎著老舊的腳踏車往原野去，
總會摘回滿山野草，
或是騎車到村子裡的露天市集幫忙，
回來時也會抱著稍有損傷但無損美味的蔬菜給我。
當年紀已大卻仍保有著少女樣貌的她
以深邃的瞳孔盯著我看時，
總令人沒來由地幾乎要喘不過氣來。
然而，
想起她抱著一堆大小不一的櫛瓜向我走來的身影，
還是會感到一股惆悵。

> 作法 p.63

俄羅斯沙拉

每次去到珍瑪的店裡，
總覺得在那兒吃東西的人看起來好幸福。
我想自己吃著珍瑪做的俄羅斯沙拉時，
也是那樣的神情吧！
多希望別人吃到我做的料理時，
也能有那樣的表情。

> 作法 p.63

栗子義大利麵

■材料（4人份）

〔義大利麵〕

高筋麵粉、全麥高筋麵粉……各100g

鹽……5g、水……100cc

〔醬汁〕

栗子……20～40顆（視大小斟酌用量）

橄欖油、帕馬森起司、粗鹽……各適量

■作法

①把高筋麵粉、全麥高筋麵粉與鹽巴全都倒在木砧板或調理盆中，堆成一座小山，邊加水邊攪拌。拌勻了之後，開始揉麵，直至麵糰表面變得光滑後，放進調理盆裡覆上布或保鮮膜，醒麵30分鐘。

②接著將麵糰推薄、推細，捏下約大拇指大小的片狀，把它推薄成容易入口的大小。每一片大約1㎜厚，形狀不需要一致。

③把栗子蒸熟或煮熟，放涼後剝殼去內膜（太大顆的栗子要切小塊）。一部分的栗子以濾網篩成泥待用。

④在②的義大利麵快煮熟的前1分鐘（共煮約3分鐘），把栗子放進濾網中一起下鍋溫熱。

⑤麵煮好後，將栗子放進煮麵水裡，濾掉水分（先撈起一些煮麵水備用）。把麵條跟栗子盛入已溫好的盤子裡，淋點剛才的煮麵水（稍微蓋過盤底）、磨些帕馬森起司、淋上橄欖油、撒上栗子泥跟粗鹽即完成。

春日南瓜濃湯

■材料（4人份）

春日南瓜……400g（去皮，只留果肉）

粗鹽……5g

奶油……20g

水……約400cc

牛奶……約400cc

蜜柑……適量

蜜柑蜂蜜……2小匙

蜜柑汁……2小匙

肉桂……適量

■作法

①將春日南瓜去皮、去籽後切薄片。

②將①放入鍋裡，撒上鹽後靜置一會兒。等到出水後，加進奶油、蓋上鍋蓋，開中火煮至鍋中發出滋滋聲後，轉成小火悶煮。

③不時從鍋底翻拌，鍋蓋上的水滴也拌進南瓜裡，慢慢煮至全熟。煮到南瓜變軟，整個碎掉、快煮焦之前加一點點水（分量外）進去。

④續煮30分鐘，直到南瓜軟稠後倒入牛奶與水，倒進食物調理機去打成泥，依個人喜好調整濃稠度。

⑤重新倒回鍋中以小火加熱，一邊攪拌到差不多之後盛盤。擺上一片蜜柑薄片，淋上蜜柑蜂蜜與蜜柑汁調成的淋醬，再磨一點肉桂即完成。

白腰豆湯汁短麵條湯

■材料（4人份）

白腰豆……100g

水……1ℓ

大蒜……1瓣

鼠尾草……1枝

煮湯用的義大利短麵條……160g

小番茄（熟透）……4顆

鹽……適量

橄欖油……適量

■作法

①白腰豆仔細洗淨，放入厚鍋子裡加入一升水，浸泡一晚。

②大蒜去芯，與鼠尾草一起加入鍋子裡，蓋鍋蓋，開小火悶煮。要注意調整火候，不要讓水煮滾溢出。

③煮到白腰豆可以用手指輕輕捏碎的程度即可關火。

④將煮豆水倒入另一鍋，加點鹽調味，開火。水滾後丟進短麵條，轉中火。

⑤待麵條煮到快熟時，以手捏碎小番茄加進湯中，讓湯汁稍微染上紅色。

⑥加鹽調味、盛進湯盤，淋上橄欖油即可。

倫巴底湯

■材料（4人份）

白腰豆……100g
水……1ℓ
大蒜……1瓣（豆子用）＋1瓣（麵包用）
鼠尾草……1枝
鹽……適量
鄉村麵包……4片
橄欖油、黑胡椒……各適量

■作法

①白腰豆仔細洗淨，放入厚鍋子裡加入準備好的水，浸泡一晚。
②大蒜去芯，與鼠尾草一起加入鍋子裡，蓋鍋蓋，開小火悶煮。要注意調整火候，不要讓水煮滾溢出。
③煮到白腰豆可以用手指輕輕捏碎的程度即可關火，加鹽。
④鄉村麵包切成約1.5㎝厚，烤到表面酥脆。烤好後，以大蒜的切面輕輕在麵包上磨一下，將麵包擺進湯盤裡。
⑤將白腰豆放在麵包上，倒進煮豆的湯汁。淋上大量的橄欖油，再灑上黑胡椒即完成。

＊這道托斯卡尼地方的傳統菜被稱為「倫巴底湯」，據說是因為西元1740年左右，倫巴底區布雷西亞市出身的Bernardino Zendrini帶了許多倫巴底人到托斯卡尼西邊的馬雷馬地區的溼地填土造地，他們停留的期間裡吃了這道菜都非常喜歡，於是取了這個名字，實際上在倫巴底區幾乎沒有人知道這道菜。
＊用優質的橄欖油，更可以引出白腰豆鮮甜的滋味。

櫛瓜烘蛋

■材料（4人份）

櫛瓜……2條
洋蔥……1顆
雞蛋……1顆
橄欖油……適量
鹽……適量

■作法

①洋蔥、櫛瓜都切成薄片。
②在平底鍋裡倒點橄欖油，讓鍋底整體沾上薄薄一層油後，放入洋蔥，以中小火翻炒，待所有洋蔥都沾上油後，加鹽，蓋鍋蓋燜炒，偶爾翻動一下，邊蒸邊炒。
③洋蔥炒到軟透後，放進櫛瓜，再次蓋上鍋蓋燜炒。
④等洋蔥與櫛瓜都炒軟後，若是太溼，就打開鍋蓋蒸發一下多餘的水分，再快速淋上打好的蛋液（如果覺得蔬菜不夠鹹，可在蛋汁裡加一撮鹽）。
⑤轉大火，並大幅翻拌，待所有食材在鍋子中間聚攏成一個圓形後，蓋上鍋蓋燜蒸。待蛋液表面凝固到適中的軟硬程度後，即可關火上菜。

俄羅斯沙拉

■材料（4人份）

紅蘿蔔、西洋芹……各1根
洋蔥、馬鈴薯……各1顆
豌豆……½杯（豆仁）
水煮蛋……2顆
鹽、胡椒、紅酒醋……各適量
〔美乃滋〕
蛋黃……2顆
鹽……適量
橄欖油……60cc
紅酒醋……1小匙

■作法

①把紅蘿蔔、洋蔥、西洋芹、馬鈴薯統統切成比1㎝再小一點的小丁，大火蒸個3～5分鐘左右（不同蔬菜可以稍微調整一下時間），蒸至剛好的軟硬度時，自鍋中取出，在濾網上放涼。
②豌豆放進小鍋裡，加水蓋過豌豆並加點鹽巴，水滾後轉中小火煮約10分鐘，關火，讓豌豆直接在鍋中冷卻。
③製作美奶滋。將蛋黃、鹽巴放進調理盆裡，以打蛋器邊打邊將橄欖油如細線般緩緩加進盆中一起混合，打出黏稠度後加入紅酒醋、鹽巴調味。
④切好的水煮蛋、瀝乾水氣的蔬菜與美乃滋一同攪拌。試吃味道，如果覺得不夠可以再加點鹽巴與黑胡椒調味，也可依個人喜好添加紅酒醋。

＊加上油漬鮪魚或是酸豆也很好吃。

烤地瓜湯

> 作法 p.66

紫洋蔥醬

> 作法 p.67

烤地瓜湯

晚秋，我家種了多棵柿子樹的院子裡，
免不了一大堆落葉。
不管再怎麼掃落葉都還是一層層堆積著。
每天不停地以落葉燒起火，烤著又胖又大的地瓜。
就算烤得熱呼呼的烤地瓜是那麼美味，
畢竟也吃不了那麼多。
烤地瓜成為每天日常飯後點心，
某天，我猛然想到可以來做各式的烤地瓜料理。
烤地瓜炊飯、烤地瓜泥，還有烤地瓜湯！
烤地瓜有其他作法所沒有的甜味與香氣，
讓人完全沉迷在其中。

■材料（4人份）
地瓜……中型1顆
奶油……20g
牛奶……約300cc
粗鹽……適量
肉荳蔻……適量
康提乳酪（熟成）……適量

■作法
①用溼報紙將地瓜包起來之後，再以鋁箔紙捲好，焚火慢慢烤。等到地瓜中心都變軟了，從火裡取出，放涼。
②剝除地瓜皮後（地瓜肉烤出顏色的部分不要剝掉太多），切成圓片狀。
③起一鍋子，以小火加熱，放入一半的奶油與烤地瓜後，撒上鹽，蓋上蓋子慢慢邊蒸邊翻炒。要注意不讓地瓜燒焦，不時翻炒。
④等到鍋底好像要冒煙時，加入一半的牛奶，加鹽後煮滾。
⑤將④倒入食物調理機打成黏稠狀態後倒回鍋中，再加入剩下的牛奶使其變得滑潤，邊煮邊充分攪拌。
⑥開始冒泡泡滾開後，加入剩下的奶油拌勻，調整鹹味後，關火。磨一點肉荳蔻、康提乳酪即可。

紫洋蔥醬

從卡斯提洛那個不鏽鋼檯面與貼滿藍白磁磚的調理台脫身，
來到莉澤塔家以蛋黃般暖黃色調為主的廚房，
無疑是我休假時最期待的事。
那晚她邀了親戚來家中吃飯，
烤了一整條鰹魚，
莉澤塔忽然想起了沉睡在冰箱裡的紫洋蔥醬。
一放上烤魚的盤中，大家都露出笑容，
廚房的橙黃與醬汁的紅紫也更燦爛。
食材的顏色、廚房的顏色、料理的顏色，
所有一切就像天空中每天都在變化的色彩，
總是將我緊緊擄獲，捨不得轉開視線。

■材料（4人份）

紫洋蔥……1大顆
橄欖油……2大匙
肉桂棒……1根
蔗糖……1～2大匙
鹽……適量
紅酒醋……2大匙

■作法

①紫洋蔥剝皮去芯，切成喜歡的形狀。
②取一炒鍋或平底鍋，開火，倒入橄欖油並將紫洋蔥與肉桂棒下鍋炒。
③拌炒均勻，炒到還稍微帶點脆度時，撒上蔗糖與鹽。
④接著繼續拌炒至帶上光澤後，倒入紅酒醋，轉強火炒至水分收乾、變得濃稠為止。
⑤關火，靜置在鍋中使其入味。這道醬汁可以依所搭配的菜色，加熱、放涼或冰透來吃都很好吃。

＊適合搭配炙燒鮪魚或鰹魚、煎豬排或雞排、水煮雞肉沙拉、炸茄子、炸肉丸等。

醋漬烤甜椒

> 作法 p.70

素炒雙菇

> 作法 p.71

醋漬烤甜椒

打從第一次拜訪卡列妮娜起，
我就成為她精湛手藝的俘虜。
扁豆湯、包著起司的希臘式餡餅、加了許多蜂蜜的小點心，
還有這道甜椒。
不論什麼時候，
她做的菜總是很日常，
從來不刻意變花樣。
只有從希臘嫁到義大利的卡列妮娜
才有辦法完美結合了屬於義大利與希臘的口味，
揉合成了美好的味道。
從那之後經過了十幾年的時間，我才終於知道，
在一個人做出的菜色背後，
隱藏的是多少經驗的累積。

■材料（4人份）
甜椒（紅椒或黃椒均可）……大的4顆
大蒜……1瓣
鯷魚……2片（或1大片）
酸豆……1小匙
羅勒……1枝
橄欖油……2大匙
紅酒醋……1小匙
鹽……適宜

■作法
①甜椒放在烤網上，放進高溫烤箱裡烤至表面焦黑。
②取出放涼後，剝掉表面的皮。烤出來的甜椒水分是這道菜的精華，千萬不要打翻。
③去掉甜椒梗與籽後，豪爽撕成大片，跟烤汁一起放進調理盆裡。
④大蒜去皮、去芯後剁碎，鯷魚切碎、酸豆（若比較大顆也要切碎）、羅勒、橄欖油、紅酒醋全部都放進盆中，撒上少許鹽拌勻。靜置30分鐘以上使其入味，如果不夠鹹再加點鹽。

＊如果用醋漬酸豆，請先洗掉醋、鹽漬酸豆洗掉鹽，接著泡水5分鐘後壓除水分。

素炒雙菇

要說什麼食材是來到熊本後愛上的，非新鮮的黑木耳莫屬了。
木耳是一種只會用在中華料理的食材，
黑黑的像是會抖動似的奇妙物體。
我去雲南旅行時愛上這種食物，
搬到熊本後更是不可自拔。
只要在市場看到新鮮的黑木耳，就一定會買回家，
用盡所有的方法把它用在所有的料理上。
黑木耳與橄欖油意外地非常搭配，
要說為什麼，我想是因為木耳也是菇類的一種吧！
這麼一想就不難理解了。
去年長在庭院的芙蓉枝條上，
今年則是在藤架上都發現了野生菇類，
但我始終沒有勇氣摘來吃。
明年不知道會從哪裡冒出來呢？

■材料（4人份）
黑木耳（新鮮的或乾燥的）……大的8朵
鮮香菇……16～20朵
大蒜……1瓣
辣椒……1根
橄欖油……適量
粗鹽……適量
鯷魚……4片
黑胡椒……少許

■作法
①使用乾燥的木耳要先以水浸泡30分鐘後，仔細搓洗。新鮮的木耳大略洗一下即可。木耳切成大塊狀。香菇以紙巾沾濕，擦去髒污，去掉蒂頭。
②入平底鍋裡放進橄欖油、切碎的大蒜與辣椒（依喜好撕碎）以小火爆出香味後，放入木耳與香菇拌炒。
③撒上鹽，蓋上鍋蓋以小火悶煮。出水後，加入鯷魚拌勻。加鹽調味，再撒上黑胡椒即可起鍋。

坂田阿希子的肉類料理

料理、撰文——坂田阿希子
攝影——廣瀨貴子
擺盤——久保百合子
文——高橋良枝（p.72）

Akiko Sakata
料理家。生於新潟縣，曾任料理研究家助理、經歷法式點心店、法國餐廳的工作後獨立，開設料理教室「studio SPOON」，以專業手法製作正統口味的家庭料理為主題。經常於國內外探求美味的食物。著有《將燉煮料理淋在飯上》（文化出版局）、《烘焙點心》（河出書房新社）、《洋食教本》（東京書籍）等等。

「大碗老師！」

聽到有人這麼親膩地叫坂田阿希子時，我心想「這真是很貼切的叫法啊！」。坂田的料理就是分量十足的大碗裝，如果跟她點3、4人份的餐點，送上桌時通常會讓人忍不住問：「這是幾人份的啊？」她的口頭禪是「夠嗎？還吃得下嗎？」她想讓人吃得肚子飽飽而總是加大分量。

說到坂田，就想起肉，因此這本書的肉類料理就決定委由她來製作，我想成品一定會是豪爽又分量感十足。

初次見到坂田時，她端上桌的料理是分量驚人的奶焗芋頭栗子通心粉，在那目測直徑有27公分之大的土鍋裡裝著滿滿的焗烤通心粉，一上桌便讓眾人歡聲鼓舞，那一刻真是讓我永誌於心。

濃厚滑順的白醬應該是她在實習時代或是她最愛的法國學到的吧！既然是出自最喜歡奶油的坂田之手，那麼美味的奶油應該就是這白醬好吃的關鍵所在。

「我每次做醬汁時都會做好幾倍的量」坂田笑著說，土鍋裡滿滿的焗烤通心粉看來應該有20人份之多。

她說做紅酒燉牛肉要花上3天。先放置熟成後才開始煮，然後再放置入味，接著繼續燉。為了能夠好吃，在看不到的地方有著細膩的作工。落落大方的坂田其實隱藏著料理家坂田阿希子細緻、費工的手藝。

她做出來的肉類料理不論哪一道都很多料，我猜她一定是為了增加更多的美味，每樣食材無論如何都有必要加進去。只要跟著她的食譜試做，一定能夠明白為何要用到那麼多材料的意義。

坂田爽朗的笑聲與說話的方式常讓人忘了她可是多年在法國餐廳及法式甜點店修業、累積經驗，專家中的專家。那使她習得了專業人士所該有的正確與精密，並帶有對工作嚴肅、認真以待的專業意識。

我認為料理即人，不多也不少地表現出製作者的性格。坂田阿希子的料理更是讓我覺得那就是坂田本人的化身。

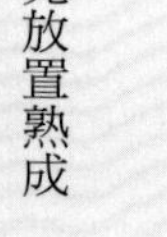

焗烤雞肉通心粉

> 作法 p.76

啤酒燉豬肉

› 作法 p.77

焗烤雞肉通心粉

家母有許多拿手菜，
其中焗烤通心粉更是一絕。
小時候常吃淋了白醬再去焗烤的雞肉炒飯，
在我們家稱之為「雞肉烤飯」。
直到現在我回老家時，
母親也常會做給我吃的一道特別的餐點。
我做的焗烤水準可能還差母親做的一步吧！
即使如此，
每當家裡有客人時，
我做了這道餐點一端出來，
都能讓大家感到非常滿足，
算是在我們家舉辦餐會的固定菜色吧！

■材料（4～6人份）

雞肉（雞腿肉、雞胸肉各半）……200g
洋蔥……1/2顆
蘑菇……7～8顆
沙拉油……1大匙＋適量
鹽……1小匙＋適量
白胡椒……少許
白酒……1/4杯
水……1/4杯
水煮蛋（全熟）……2顆
通心粉……80g
奶油……適量
格呂耶爾起士（le gruyère）……70g
麵包粉……適量
〔白醬〕
奶油……60g
麵粉……60g
牛奶……600cc
鹽、胡椒……各適量
月桂葉……1片
肉荳蔻（粉）……少許

■作法

①製作白醬。在鍋中將奶油加熱融化，加進麵粉仔細拌炒到稍微變黃了，分批加進牛奶，均勻攪拌，如此不斷重複直至出現滑順的糊狀。所有的牛奶都入鍋之後，加鹽、胡椒調味。加進月桂葉、肉荳蔻粉，邊攪拌邊煮2～3分鐘。
②雞肉切為1cm左右的丁狀，洋蔥、蘑菇切薄片。取一平底鍋加進1大匙沙拉油加熱後，將洋蔥入鍋炒至變透明，將雞肉下鍋一起炒到雞肉變白了，接著下蘑菇，加鹽、胡椒及白酒開大火煮至乾了之後，再加水煮1～2分鐘（可留下一些湯汁不要完全收乾）。水煮蛋以叉子的背面大致搗碎。
③將通心粉倒入大量的熱水中，加鹽（3ℓ的水兌1大匙的鹽）與少許的沙拉油一起煮熟後，將通心粉撈起，淋上沙拉油翻拌，使其彼此不沾黏。
④將①的醬汁與②的雞汁一起調和，加進②的蛋與③的通心粉均勻混合。
⑤在烤盤內側塗上奶油，將④的材料放進去，上面磨格呂耶爾起士，再撒上麵包粉，並隨機且均勻地放進一些奶油塊。
⑥烤箱以200℃烤15～20分鐘，烤至表面焦黃即完成。

啤酒燉豬肉

這是我在某間餐廳工作時看到的菜單裡印象特別深刻的一道餐點。
主要材料僅有洋蔥、豬肉與啤酒，光是這樣就能煮出具有深度美味的燉煮，令我驚豔不已。
關鍵是炒至甘甜的洋蔥，還有啤酒。接著就只有花時間慢慢地燉煮。
能夠為這道料理帶來色、香、味的，是時間。

■材料（容易製作的分量）
豬肩里肌肉……800g
鹽……1小匙＋適量
黑胡椒……適量
麵粉……適量
洋蔥……2顆
大蒜……1瓣
奶油……60g
啤酒……700cc
高湯……200cc
（水加高湯粉1小匙）
牛角辣椒粉（Cayenne Pepper）……少許
香草束……適量
榛果奶油（Beurre noisett）……適宜
黃芥茉……適宜

＊香草束　以巴西利、百里香、月桂葉綁成一束。
＊榛果奶油　奶油與等量麵粉的混合物，將奶油融化成液狀，加進麵粉均勻攪拌而成（譯註：奶油經過焦化後，顏色接近榛果色，因而以此命名）。

■作法
①以棉繩將豬肉綁好定形，以1小匙的鹽、少許胡椒及麵粉在豬肉塊上薄薄地抹上。洋蔥、大蒜切薄片。
②起一熱鍋，加進10g奶油融化後，將豬肉塊下鍋煎至表面煎黃後取出。
③在②中加進20g奶油，洋蔥、大蒜下鍋炒至分量縮減成一半、炒出糖色為止。
④將豬肉塊再放回鍋中，加進啤酒、高湯、牛角辣椒粉、香草束，蓋上鍋蓋以小火燉煮1～1.5個小時（途中若有香氣冒出來，即可以將香草束取出）。
⑤掀蓋，開大火再煮約20分鐘，讓湯汁濃縮。
⑥加鹽、胡椒調味，並將剩下的奶油切小塊加進湯汁中，若希望湯汁變濃稠些，可以在此時分次小量地加進榛果奶油，調出自己喜歡的濃稠度。
⑦將豬肉切成較厚的切片後盛盤，淋上大量的湯汁，佐以黃芥茉即完成。

烤肉醬義大利麵

> 作法 p.80

梅味噌滷豬肉

> 作法 p.81

烤肉醬義大利麵

因工作而作菜時，
很快瓦斯爐上就擠滿了進行中的料理。
每當出現多道需要長時間燉煮的料理，
就會有好幾個鍋子排隊等著要上瓦斯爐。
這個時候，
將它們放進烤箱裡去燉煮
是我想出來的替代方法。
蓋上蓋子，進烤箱燉煮，
就能慢慢加熱到食材熟透且也不會燒焦，
更重要的是可以煮得好美味。
這道肉醬也是，
比起在瓦斯爐上煮，
進烤箱去燉可以使肉更加鬆軟，口感更升級。

■材料（容易製作的分量）

〔肉醬〕
洋蔥……1顆
西洋芹……1枝
紅蘿蔔……1/3根
蘑菇……6顆
蒜頭……2瓣
完整番茄罐頭……1罐
橄欖油……1大匙
牛絞肉……500g
奶油……30g
紅酒……1杯
鹽……適量
月桂葉……1片

義大利麵……200g
鹽……適量
煮麵水……100cc
帕瑪森起司粉……4～5大匙

■作法

①洋蔥、西洋芹、紅蘿蔔、蘑菇、大蒜全都切成小丁，番茄罐頭開罐，瀝乾。
②取一平底鍋倒進橄欖油加熱，牛肉下鍋炒至變色後起鍋，瀝去油分。
③以耐熱鍋加進奶油，開火融化，並爆香大蒜。炒出香氣之後將番茄以外的蔬菜全都下鍋炒至食材熟透，加進②的牛肉。
④紅酒倒進鍋中，以大火煮滾，加入番茄，輕輕撒上鹽、胡椒調味，加入月桂葉。
⑤蓋上鍋蓋，烤箱加熱到180℃後將耐熱鍋整個放進烤箱，加熱1個小時後取出，攪拌鍋中食材，並試味道，視情況加鹽調整鹹度。
⑥另起一深鍋煮熱水，加鹽，煮義大利麵（較包裝上的煮麵時間減少1分鐘即撈起）。
⑦在平底鍋中將⑤的醬汁煮滾，加入⑥的義大利麵及煮麵水，一起煮約1分鐘之後，撒上起司粉後即可起鍋盛盤。

＊煮義大利麵的水大約是3ℓ的水兌1～1又1/2大匙的鹽。義大利麵選用較寬的麵條較對味。

梅味噌滷豬肉

我很喜歡醃梅子，
而我的祖母是醃梅高手，
每年都醃製大量好吃的醃梅。
我也學她每年醃製，
但至今仍未能做出那樣好吃的醃梅。
有時我會運用那剩下一點點失敗的醃梅子，
將梅肉剁下剁碎與味噌一塊混合之後
即成了美味的調味料，
這道梅味噌滷豬肉即是這麼來的。
多了梅子恰到好處的酸味，
比起只用醬油滷的更加下飯，
是我最喜歡的味道。

■材料（容易製作的分量）
豬五花肉塊……800g
A［蔥（綠色的部分）……1根
　 薑（切薄片）……2～3片
薑……1大塊
醃梅子……2大顆
味噌……4大匙
醬油……2大匙
砂糖……4大匙
酒……½杯
煮豬肉的湯汁……1杯
水煮蛋……3顆
四季豆……1把
鹽……適量

■作法
①豬肉切成5㎝左右的塊狀，放入鍋中，加水蓋過豬肉，開火煮至水滾之後將水倒掉，以冷水沖洗豬肉塊，再次入鍋加水蓋過食材，加進A，以小火煮約1個小時，途中持續撈除浮沫。
②將①的豬肉塊撈起放進燉鍋中。
③薑磨成泥，放進調理盆中，加進剁碎的梅子肉、味噌、醬油、砂糖、酒及①的煮豬肉湯汁調勻之後倒進燉鍋。
④開小火，將水煮蛋也入鍋一起煮約20～30分鐘，直至滷汁收乾變少。
⑤四季豆以鹽水煮過，對半縱切後，再將長度切成一半，滷蛋對半切，與滷肉一塊盛盤。

＊應依醃梅子不同鹹度，調整味噌的用量。

西洋芹拌牛腱

我很喜歡那種「咚」地一次煮一大塊牛腱肉的感覺。
當然煮至軟嫩的肉塊直接就是一道菜，
但更重要的還是為了可以得到
一鍋清澄爽口又有深度滋味、口感細緻的高湯。
有了這肉與湯，
我就能變化出好多菜色。
因此在忙碌的時候、或有客人來訪，
我大多會煮一塊牛腱肉，
特別是要取高湯來作主要餐點時，
用高湯的副產品牛腱肉來製作的涼拌菜
通常都很受歡迎。
高湯調成的法式油醋醬(sauce vinaigrette)很美味，
還可活用變化成清湯、羅宋湯、燉煮等等。

■材料(4～5人份)

牛腱肉……500g
鹽……少許
蔥(綠色部分)……1枝
薑(切薄片)……3～4片
水……4杯
西洋芹……2枝
大蒜(泥)……少許
麻油……4大匙
鹽……1小匙～
檸檬汁……1小匙
胡椒……適量

■作法

①牛腱肉輕輕抹上一層鹽，與蔥、薑一起下鍋，加水開火煮滾後，以小火煮1個小時～1個半小時，途中若出現浮沫應撈除。水量減少時可視情況加水。
②取出牛腱肉，撕成小片。西洋芹切成細絲，以開水浸泡。
③將②的肉片、瀝乾的西洋芹絲放進調理盆，加入大蒜泥、麻油、鹽，以手翻拌使味道均勻，淋上檸檬汁拌一拌，撒上胡椒即完成。

岩海苔豆腐湯

■材料(4～5人份)

木綿豆腐……1塊
大蒜(切碎)……1瓣
薑(切碎)……1小塊
麻油……2小匙
牛腱高湯……3杯
鹽……2/3小匙
醬油……少許
胡椒……適量
岩海苔……4g

■作法

①大蒜、薑下鍋與麻油一塊爆香，豆腐瀝去水分，直接手剝成大塊加進鍋中一塊炒。
②倒入牛腱高湯一起煮滾後，加鹽、醬油、胡椒調味，加入岩海苔再次煮滾後即可熄火上桌。

*譯註：岩海苔即紫菜。

小芋頭牛肉可樂餅

我的故鄉新潟，是好吃的小芋頭產地。
我常在想，
用這顏色白皙、質地綿密滑順的新潟小芋頭
做可樂餅應該會很好吃吧！
幾年前，
漆作家鎌田克慈的企畫展請我去幫忙製作料理，
看了他創作的器皿，
直覺反應「啊！做那個來試試！」的便是這道菜。
配合著器皿的形象，
將可樂餅外表的炸衣做得細緻些、體型小些，
再將辛辣的實山椒隱藏在其中。
至今，每到小芋頭盛產的冬季，
都會想做這道菜。

> 作法 p.88

炸雞柳條

小時候，
我常被媽媽派去肉店跑腿買食材，
然後一定會在那裡得到一些小點心，
有時是可樂餅，
有時是炸雞，
我特別喜歡吃炸雞。
那家店的炸雞與眾不同，
並不像一般是醬油醃漬的味道，
我一直到最近才想起，
那應該是伍斯特醬（Worcestershire sauce）的味道吧！
伍斯特醬與咖哩粉的組合真是令人難以忘懷，
總讓我想起那家在斜坡上的肉店，
關於美味的記憶。

› 作法 p.88

白腰豆香料肉腸沙拉

大學時代的西班牙語教授很擅長作菜，
我所會的幾道西班牙菜
全都是那位老師教授給我的，
這道沙拉也是其中之一。
每次他都會採買大量大量的食材，
招待我們這些學生開場西班牙料理盛宴。
白腰豆與西班牙香料肉腸（chorizo）的組合
對於才剛滿二十歲的我們來說
是很新鮮又美味的回憶。
雖然老師在三年前已仙逝，
然而他親手交給我的食譜，
至今仍在我手邊，珍藏著。

> 作法 p.89

雞肝雞胗沙拉

在餐廳工作時，
我最喜歡的一道沙拉
便是油封鴨胗，
至今只要在餐廳看到有這道菜，
一定會點來吃。
以油封的手法來料理內臟是最棒的選擇。
然而，
這道將雞胗雞肝乾煎後拌成沙拉的組合也十分美味，
致勝關鍵是淋上雪莉酒醋。
這些味道特殊的食材一起加熱，
便調合出絕佳風味，
非常推薦大家試著來做做看。

＞作法 p.89

小芋頭牛肉可樂餅

■材料（12顆份）

小芋頭……4顆（較大顆）
奶油……1大匙
鹽、白胡椒……各少許
長蔥……1/4根
牛肉火鍋片……150g
沙拉油……少許
A
- 酒、醬油……各2大匙
- 味醂……1大匙
- 砂糖……1大匙
- 醬油醃實山椒……2大匙

麵粉……適量
蛋……適量
麵包粉（打碎）……適量
炸油……適量
酸桔……適宜

■作法

①小芋頭整顆蒸熟，剝皮，放入鍋中搗碎後加奶油。開小火，慢煮至水氣散掉，加鹽、胡椒調味。

②長蔥斜切成薄片，牛肉切成小塊，蔥段下鍋，以沙拉油爆香後，也將牛肉下鍋，炒至變色後，將A加進鍋中，煮至醬汁收乾，將①加入一起均勻攪拌後，攤在調理盤上放涼。

③分成12等分，揉成小圓球，外面依序蘸麵粉、蛋、麵包粉裹成炸粉，放進170℃的炸油之中，炸至整體變成金黃後起鍋即可食用，可依個人喜好擠上酸桔汁。

炸雞柳條

■材料（4人份）

雞胸肉……500g
鹽、胡椒……各適量
麵粉……適量
蛋……適量
麵包粉（打碎）……適量
海苔粉……適量
炸油……適量
〔醃料〕
伍斯特醬……1大匙
醬油……1大匙
咖哩粉……1大匙

■作法

①雞肉沿著纖維切成2cm寬的長條。抹上少許的鹽、胡椒。

②將醃料的食材全都混合均勻後，塗在①的雞肉上，醃15分鐘。

③麵包粉與海苔混合（2杯的麵包粉中加2大匙的海苔粉）。

④將②依序蘸麵粉、蛋液、③的麵包粉裹成炸衣，放進170℃的炸油之中，炸至整體變成金黃焦脆後起鍋即可食用。

白腰豆香料肉腸沙拉

■材料（容易製作的分量）
白腰豆（乾）……150g
（煮熟狀態約400g）
香料肉腸……4根
大蒜（切碎）……1瓣
洋蔥（切丁）……1/4顆
橄欖油……2小匙＋3大匙
鹽……1小匙
胡椒……適量
紅椒粉……1/3小匙＋適量
牛角辣椒粉……少許
雪莉酒醋……2小匙＋適量
義大利巴西利（切碎）……適量

■作法
①白腰豆前一日先泡水過夜，巴西利梗與芹菜葉等菜葉（分量外）一起煮至軟爛。肉腸切為1cm左右的小丁。
②起一平底鍋，倒進2小匙的橄欖油加熱，將大蒜末下鍋爆香，肉腸丁也加入一起炒，加少許的雪莉酒醋快速拌炒。
③將白腰豆與②、洋蔥加在一起，依序淋上3大匙的橄欖油、加鹽、胡椒、紅椒粉1/3小匙、牛角辣椒粉、2小匙的雪莉雪醋，拌勻。
④盛盤，撒上紅椒粉、義大利巴西利碎即可。

雞肝雞胗沙拉

■材料（2人份）
雞胗……80g
雞肝……80g
蘑菇……5顆
大蒜（切碎）……1/2瓣
紅蔥頭（切碎）……1/2顆
核桃……30g
貝比生菜（baby leaf）、菊苣等生菜……適量
橄欖油……3大匙
鹽……2/3小匙
黑胡椒……少許
雪莉酒醋……2大匙

■作法
①雞胗除去筋膜，切成2～3等分的薄片。雞肝同樣去除筋膜、脂肪，放進冰開水中泡約5分鐘後撈起，切成2～3等分。蘑菇切成5mm的片狀，核桃以調理機大致打碎。
②生菜葉洗乾淨後，以冷開水浸過，瀝乾，盛盤。
③取一平底鍋，倒入橄欖油加熱，大蒜末、紅蔥頭入鍋爆香後，加進蘑菇，蘑菇大致炒熟後，將雞胗、雞肝下鍋，開大火拌炒。
④加鹽、胡椒調味，加進①的核桃、雪莉酒醋，以大火快炒後，倒入②的盤中即完成。

＊紅蔥頭也可以用1/8顆洋蔥代替。

燉煮漢堡排

燉煮漢堡排的好處除了分量感十足、
肉排鬆厚軟嫩之外，
最重要的還有一起燉煮的醬汁會變得好好吃。
這道燉煮漢堡排是只以番茄醬為底的簡單醬汁，
因為與肉排一起燉煮，
才吃得到肉汁精華融入醬汁之中，
那無與倫比的美味享受。
將醬汁淋在飯上一起入口，
也很令人難以抗拒。

■材料（4顆份）

洋蔥（切丁）……1小顆
沙拉油……2小匙
牛絞肉……600g
生麵包粉……1杯
蛋……1顆
肉荳蔻粉……1/4小匙
鹽……2/3小匙
白胡椒……少許
巴西利（切碎）……適量

〔醬汁〕

A
- 番茄汁……300cc
- 水……150cc
- 番茄醬……3大匙
- 伍斯特醬……1小匙
- 牛高湯粉……1/2小匙
- 白蘭地……少許

鹽、胡椒……各適量
奶油……2～3大匙

■作法

①洋蔥下鍋，加沙拉油慢慢炒至帶有一點焦糖色後起鍋，放至全涼。
②牛肉在使用前才自冰箱取出，放調理盆內，加入①的洋蔥、生麵包粉、蛋、肉荳蔻粉、鹽、胡椒後，快速攪拌至出現黏稠度。
③將②分成4等分，在手上抹一點沙拉油，取一份肉團在手中拍打，將空氣拍出來，並整成圓形。
④起一平底鍋，完全加熱後，以拇指在③的正中央稍微押出一個小凹槽後放入鍋中，將一面煎至上色後，翻面再輕輕煎烤，加入醬汁的材料A，煮15～20分鐘，其間不時將醬汁淋在肉排上。
⑤待醬汁煮出濃稠度時，加鹽、胡椒調味，並少量少量地將奶油加進去，增加濃稠度，起鍋前撒上巴西利碎即完成。

涼拌四季豆（4人份）

將2盒的四季豆以鹽水燙熟，對半切，放涼。洋蔥切丁，與四季豆一起，均勻拌上醬汁（黃芥茉、紅酒醋各2小匙、鹽1/2小匙、白胡椒少許、砂糖一小撮、橄欖油3大匙）即可。

紅酒燉牛肉

我父親喜歡吃西餐，
從以前到現在每去西餐廳必定會點的
便是紅酒燉牛肉，
這道菜可說是父親的最愛。
為了得到父親的認可，
我不斷嘗試、失敗、調整，
最後終於完成了下述的作法。
其實幾乎沒有什麼困難的地方，
重要的只有一項，即花時間慢慢等待，
就能夠做出閃耀迷人色澤、
濃醇美味的紅酒燉牛肉。
父親與我都喜歡配白飯一起吃。

■材料（容易製作的分量）

牛腱肉……1kg
鹽……1小匙
黑胡椒……少許
麵粉……適量
紅蘿蔔……½根
西洋芹……½根
洋蔥……½顆
大蒜……2瓣
沙拉油……1大匙
奶油……30g
紅酒……500cc
番茄糊……1杯
番茄醬……1大匙
牛骨高湯……400cc
水……1杯
香草束……適量
蘑菇……10顆
小洋蔥……10顆

＊香草束　巴西利梗、西洋芹菜葉與莖、月桂葉等香草綁成一束。

■作法

①將牛腱切成5cm的塊狀，均勻撒上鹽、黑胡椒，並裹上一層麵粉。紅蘿蔔、西洋芹、洋蔥切成1cm的小丁，大蒜拍碎。

②取一鍋，加進沙拉油熱鍋後，牛肉塊下鍋以大火煎過，取出。

③在②的鍋中丟進10g的奶油，將蔬菜丁下鍋炒，順便將煎牛肉的碎屑刮下。待蔬菜都炒透了之後，將牛肉重新放回鍋中，並加入紅酒，開大火燉煮至水量減半。

④加入番茄糊、番茄醬、牛骨高湯、水、香草束，蓋上鍋蓋，以小火燉煮2個小時～2個半小時。期間不時開蓋，仔細撈除浮渣，香草束在燉約1個小時的時候先取出。

⑤將肉塊撈出來，湯汁以過濾器（strainer）濾過，並用力擠壓蔬菜丁，汲取其精華。過濾過的湯汁、肉塊再返回鍋中。

⑥取一平底鍋，加進20g的奶油，將蘑菇、小洋蔥下鍋炒，加進⑤。煮約20～30分鐘，讓洋蔥熟透，嘗嘗味道，視情況加鹽、胡椒調味。

炸牛排三明治

比起炸豬排，我更愛炸牛排。
在家舉辦餐會時，
最後端出來立即引起眾人歡呼的
便是這道壓軸的炸牛排三明治。
切面所呈現的肉色是引人食指大動的重點之一，
那是確實掌握了火候與烹調時間的成果。
因為想要直接品嘗肉的美味，
所以不放蔬菜，單純地只有炸牛肉排。
麵包使用去邊、烤得酥脆的厚片吐司最對味。

■材料（2人份）
牛菲力（1cm厚左右）……2片
美味的法式多蜜醬……適量
（demi-glace sauce）
厚片吐司……4片
奶油……適量
黃芥茉粒……適量
鹽、黑胡椒……各適量
麵粉、蛋、麵包粉、炸油……各適量
酸黃瓜……適量

〔美味的法式多蜜醬〕
（將市售成品再升級）
洋蔥……1/2顆
紅蘿蔔……1/2根
西洋芹……1/4根
奶油……30g
紅酒……1/2杯
番茄……1小顆
市售的法式多蜜醬……1罐
牛肉高湯粉（顆粒）……1/2小匙

■作法
①牛肉在烹調之前的30分鐘～1個小時之前自冰箱中取出，置於室溫下。將市售的法式多蜜醬加熱。
②厚片吐司切邊，2片疊在一起烤，讓其中一邊有酥脆口感，沒烤到的那一邊則塗上奶油、黃芥茉。
③①的牛肉要下鍋炸前才抹上鹽、胡椒，整體裹上薄薄一層的麵粉後，蘸上蛋液；再次裹粉、蘸蛋液後，撒上大量麵包粉。
④以170℃的油鍋炸牛排。起鍋後，迅速浸泡在①的醬汁中，置於吐司上，蓋上另一片吐司後，輕輕壓著，對半切。
⑤盛盤，添上酸黃瓜。

〔美味的法式多蜜醬作法〕
①洋蔥、紅蘿蔔、西洋芹切成1cm的小丁，以奶油炒到變軟後，再炒約15～20分鐘，加進紅酒，開大火讓酒精揮發。
②加進大致切塊的番茄，倒入市售的多蜜醬罐頭，加點牛肉高湯粉後放涼。以食物調理機打過，再過濾。放置一晚使味道變得更柔和，也可長期保存。

西洋菜雞肉湯

> 作法 p.98

皇家庫斯庫斯

> 作法 p.99

西洋菜雞肉湯

在我們家舉辦餐會時
最常登場的湯品
大概就是這道西洋菜雞肉湯了吧！
只是將以鹽醃過的雞肉與西洋菜
放入鍋中燉煮就完成的無手藝湯品。
西洋菜一開始就放進去，
煮至軟爛是好喝的關鍵。
因西洋菜而染上淡綠色的湯汁
是最多人點名想喝、最受歡迎的一道菜。
夏天也可加入冬瓜一起煮，
冬天則換成白蘿蔔或是蕪菁也很不錯，
拿來下飯最好。

■材料（3～4人份）
帶骨雞肉切塊……500g
鹽……2小匙
西洋菜……2把
薑……1塊
水……7杯
魚露（依個人喜好添加）……適宜
檸檬……適宜

■作法
①雞肉抹上鹽，靜置1個小時以上。若有時間，最好放置一個晚上。雞肉表面會有水分浮出，以廚房紙巾等拭去水分。西洋菜根部較粗的部分切掉一些後，切成2等分。
②取一鍋，將雞肉，切薄片的薑、西洋菜、水都放進鍋裡，開火。水滾後轉小火，撈除浮渣，蓋上鍋蓋煮約1個小時。開蓋，試味道，若覺得不夠可加點鹽及魚露調味。
③盛盤，依個人喜好擠些檸檬汁。

皇家庫斯庫斯

每次拜訪巴黎時
一定要走一回巴黎最古老的市場
「Marche des Enfants-Rouges」。
逛了一圈之後，肚子也差不多餓了，
接著總會來到一家庫斯庫斯專賣店。
這家餐廳有很多種庫斯庫斯料理可供選擇，
然而我最喜歡的是它固定會出的皇家庫斯庫斯，
這是道只用蔬菜熬煮、豐富飽足的湯品，
讓疲勞的身體整個都重新活了起來。
還有跟湯品搭配、分量十足的羊肉腸，
更是極品，
不過那可不是隨便就能模仿做出來的。

■材料（5～6人份）

〔湯〕

紅蘿蔔……1根
蕪菁……3顆
櫛瓜……1根
南瓜……1/8顆
洋蔥……1顆
番茄……2顆
水煮鷹嘴豆……1罐（250g）
大蒜（切碎）……2瓣
薑（切碎）……1塊
香菜（生，切碎）……1杯
橄欖油……4大匙+適量

A
- 孜然粉……2小匙
- 牛角辣椒粉……1/4小匙（依個人喜好辣度增減）
- 薑黃粉……1小匙
- 紅椒粉……1/2小匙
- 黑胡椒……1/2小匙

番茄糊……2大匙
水……4～5杯
鹽……1又1/2～2小匙

庫斯庫斯……依人數（1人100g）
羊排……依人數
鹽、胡椒……各適量
香料肉腸……依人數
哈里薩辣醬（Harissa）……適宜

■作法

①紅蘿蔔先依長度對半切，再縱切4等分；蕪菁不去皮，切4等分；櫛瓜依長度切成3等分後再對半縱切；南瓜切成稍大的一口大小；洋蔥切薄片；番茄以熱水燙、撕去外皮後切小塊；鷹嘴豆瀝去水分。
②起一鍋，加4大匙的橄欖油加熱，將大蒜、薑末下鍋炒，爆出香味後將A的香料與香菜下鍋一起拌炒後，加進番茄糊與水。
③洋蔥、番茄、鷹嘴豆、紅蘿蔔下鍋煮約10分鐘。
④將剩下的蔬菜全都一起下鍋，再煮上15～20分鐘，嘗嘗湯的味道，依口味加鹽調整。
⑤取一調理盆，將人數份的庫斯庫斯放入盆中，淋上等量的熱水（分量外），蓋上蓋子蒸約10分鐘後，淋上約2小匙的橄欖油，攪拌均勻。可依個人口味在熱水中加一點鹽。
⑥羊排均勻抹上鹽、胡椒，以1小匙的橄欖油仔細地煎過。羊排煎好取出後，接著將香料肉腸下鍋，不時翻面煎至表面焦脆。
⑦將庫斯庫斯盛盤，淋上④的湯汁，擺上羊排與香料肉腸，再依個人喜好擠上檸檬汁，即可享用。

高橋良枝的昭和料理

料理、撰文——高橋良枝
攝影——日置武晴、公文美和

為了感謝《日日》夥伴們這10年來的支持與幫忙，我想為他們舉辦一場感謝餐會。

要宴請這些料理家、料理攝影師、擺盤設計師等料理專業人士，我端出的素人料理實在是太上不了檯面了，然而他們每個人幾乎都跟我的孩子同齡，我就跟他們的母親是同一個世代的人，於是決定來做孩子們還小時所吃到的昭和料理，如此一來，即使只是素人料理，他們應該也可以接受吧！我便一邊回想過去我們召開的餐會上大家喜歡的料理有哪些，一邊挑選菜色。

「夏季蜜柑醋綜合壽司」用的是每年到了5月的黃金週要結束時，住在高知的公文從她家宅配來的夏季蜜柑。我們已經舉行過好幾次「夏季蜜柑醋綜合壽司會」，每年都召集了《日日》夥伴的7、8人來共襄盛舉。

亞衣從熊本來時，那天就一定是日式料理。之前我做過飛龍頭，大家都還滿捧場的，這次的餐會就把飛龍頭也加進菜單之中。

公文與久保都喜歡竹筍料理，所以也把竹筍放進來。每次都是煮嫩筍（若竹煮），這回我想用照燒的方式料理。再拿出七輪，升起炭火，就很有吃大餐的氣氛了，結果竟然還讓提早到的攝影師日置武晴幫我升火。

因為夥伴們都是30多歲到40歲之間的人，每一個都喜歡吃肉，所以絕對不能少了肉類料理，只是有哪道菜適合搭配日式料理，可讓我傷透腦筋。

我想起以前常做的味噌醃牛舌。將整塊牛舌與辛香料蔬菜一起煮至軟爛，再一口氣將牛舌皮剝下。雖然整塊牛舌的顏色與形狀有些駭人，然而剝除厚皮的那一刻，卻有種爽快感。剝好厚皮的牛舌再以加了味醂等調味的味噌醃上3、4天入味之後，就是一道下酒菜，只是現在很難買到完整的日本產牛舌，就算買得到，價格也十分驚人。

就像這樣，某些菜色提醒了我有些食材已然不易取得，甚至是已經變得稀少。如果這些昭和料理可以勾起大家的懷念之情，便是我最大的欣慰。

＊編註：七輪是一種以炭為燃料的烹調爐具，類似台灣的烘爐。

昆布漬白肉魚

› 作法 p.104

夏季蜜柑醋綜合壽司

> 作法 p.104

昆布漬白肉魚

若餐會的菜單裡預定有生魚要上桌，
一定是先以昆布或檸檬汁醃漬過的生魚片。
搭配日本料理時，就是昆布醃。
這道以昆布醃過的生魚片再裝飾上白昆布絲，
因看起來像老人的頭髮，而有個雅名為「翁鯛」。

■材料（4人份）

白肉魚生魚片……1尾
鹽……1/2大匙
整片昆布……15cm2片
白昆布絲……10g
醬油、山葵……各適量

■作法

①生魚片用的白肉魚整體抹上鹽，醃上1個小時左右。

②將①的魚肉排出的水分倒掉，以廚房紙巾拭乾。鋪一張保鮮膜，放上一片昆布，再於昆布上擺放魚肉，上頭蓋上另一片昆布後，拉起下方的保鮮膜緊緊包住，送進冰箱冷藏最少2、3個小時；若能放一個晚上，昆布的滋味更能滲入魚肉中。

③要吃之前，將魚肉片成5、6mm厚的薄片，裝盤、於上頭撒放白昆布絲。一旁附上現磨的山葵。

＊照片中使用的魚是鯛魚。

＊山葵也可以是粉狀加水調和的，另外也可搭配泡水恢復原狀的岩海苔或切成絲的紫蘇葉一起食用。

夏季蜜柑醋綜合壽司

我們應該已經連續舉行3、4年的
夏季蜜柑醋綜合壽司大會了。
在東京很難找到的夏季蜜柑，
聽說公文美和在高知的老家庭院裡就有，
於是向她拜託，請她老家可以送一點給我，
並開始了這場餐會。

以夏季蜜柑汁做醋飯的壽司是謳歌季節之美，
適合初夏登場的一道主食，
在昭和30年代常見的壽司。

■材料(5~6人份)

〔醋飯〕
白飯……4杯份
現榨夏季蜜柑汁……6大匙
鹽……1/2小匙

〔配料〕
乾香菇……4朵
A
泡香菇水……1/2杯
酒……2大匙
砂糖……2大匙
醬油……2小匙
蓮藕……1/2小節
牛蒡……1/2根
B
高湯……1杯
味醂……2大匙
醋……2小匙
鹽……少許
紅蘿蔔……2cm
C
高湯……4大匙
砂糖……2大匙
醬油……2小匙
水煮竹筍……1/2支
D
高湯……1/3杯
砂糖……2大匙
醬油……1小匙
豌豆莢……5~6根
烤海苔……全型2片
薑……1塊

〔蛋絲〕
雞蛋……5顆
砂糖……3大匙
鹽……1小匙
醬油……1小匙

■作法

〔配料〕

①乾香菇以溫水浸泡還原。取一小鍋將香菇與A中的香菇水和酒一起煮至香菇變軟，再加進砂糖與醬油，轉小火煮，直至香菇入味。

②蓮藕去皮，切成2㎜的薄片。牛蒡切成2cm長的細絲。將蓮藕與牛蒡下鍋與B一起煮。

③紅蘿蔔去皮，切成2cm長的絲細。將紅蘿蔔絲與C一起下鍋，開中火煮至湯汁收乾為止。

④竹筍切薄片後，再切成2cm左右的小丁，與D一同下鍋煮熟。

⑤豌豆撕去粗筋，煮一鍋熱水加鹽(分量外)，將豌豆快速燙熟(約10秒)後，斜切成絲。

⑥薑切成薑絲，以醋(分量外)醃漬。或以市售的紅薑絲取代也可。

〔蛋絲〕

①蛋打入調理盆中，加砂糖、鹽、醬油後均勻混合。取平底鍋(使用鐵氟龍不沾鍋較容易成功)或是方形煎蛋鍋，以中火熱鍋後，加點油(分量外)，以廚房紙巾在鍋中擦拭，將油塗滿各個角落。倒進約3大匙的蛋液，並搖動蛋液使其在鍋中鋪平。

②煎至蛋皮在鍋子邊緣翹起時，以筷子撕起整片蛋皮，翻面煎。視另一面蛋液收乾的程度，差不多煎5秒左右即可起鍋，攤開置於調理盤或砧板上。

③重複上述動作，把所有蛋液都煎完之後，將蛋皮重疊，切成5cm的長條後，再切成細絲。

〔醋飯〕

①夏蜜柑榨汁，加鹽，攪拌均勻。

②飯煮好後倒入壽司飯桶或大缽之中，將①均勻灑上，以飯匙邊切飯邊將醋水混合。將配料①~④徹底瀝乾水分，撒在醋飯上，再次以飯匙邊切邊將食材與飯拌勻，一旁則是以扇子搧風，使其冷卻。

③盛盤，將烤海苔以手撕的方式撕碎，撒在飯上，接著再撒上蛋絲、豌豆絲，最後點綴上擰成一球的薑絲。

＊蓮藕、牛蒡因不要讓它染上顏色，保持原有的白色系，因此與其他食材分開煮，但若不介意染色問題，一起煮也沒有關係。煮蓮藕、牛蒡時，以味醂取代砂糖，便是為了使其保持白色。

蝦肉南瓜盅

《日日》的吉祥物是一位南瓜老奶奶，
是從田所真理子插畫得到的靈感發想而來。
因此，
我想在十年感謝餐會的菜單中加入一道南瓜料理，
而且是保持南瓜原有的形狀上桌，
因而決定了這道南瓜盅。

■材料（7～8人份）
南瓜……小型1顆
蝦子（冷凍）……20尾
生香菇……2朵
長蔥……½根
水煮蠶豆……10顆
蛋……1顆
鹽……1小匙
片栗粉……2大匙
山椒粉……適宜
〔芡汁〕
高湯……1杯
醬油……2大匙
酒……1大匙
太白粉水……3大匙

■作法
①南瓜以保鮮膜整顆包覆，進微波爐中加熱5分鐘，會變得比較好切。
②從南瓜頭的3分之1處橫向切開，將裡面的種籽全都去除乾淨後，於內側塗上薄薄一層的太白粉（分量外），以防止內餡熟了之後不好剝離。
③蝦子剝殼、剔除腸泥。撒上鹽（分量外），在水龍頭下開水輕輕搓揉，直至水不再污濁為止。撒上少許的鹽與酒（均為分量外），放一陣子。
④鮮香菇與蔥切丁，蠶豆剝除外層的薄皮。
⑤將③放進食物調理機中打成泥，不要打太碎，稍微留下一些塊狀，口感較佳。若沒有食物調理機，以菜刀剁碎也可以。
⑥在⑤中加進④以及蛋、鹽、太白粉，攪拌出現黏性為止。
⑦將⑥填進②之中，且要填滿填緊，不要有空隙留下空氣，放進已預熱的蒸鍋中蒸約30分鐘，竹籤可輕易穿過南瓜皮即是熟了。
⑧在蒸南瓜的同時，製作芡汁。除了太白粉水之外的材料都先下鍋加熱後再緩緩倒進太白粉水攪拌，當湯汁出現稠度，變得透明時即可關火。
⑨蒸熟的南瓜整顆移至盤中，上桌後切分再淋上芡汁，最後依個人喜好撒上山椒粉。

味噌醃豬肉

若有一道能事先做好的主菜，
在餐會當天就輕鬆多了，
因此我一定會想一道「事先做好的菜色」放進菜單中。
《日日》的夥伴們大多喜歡吃肉，
若是和食又要是肉類料理，
我就會想到味噌醃牛舌。
不過最近很難買到一整支的牛舌，
因此以味噌豬肉來代替。

■材料（4～5人份）

梅花肉塊……500～600g
鹽……5～6g
薑、長蔥……各適量
A
「味噌……4大匙
味醂、酒……各2大匙
砂糖……1大匙
長蔥……½根
柚子胡椒、一味粉……各適宜

■作法

①要食用前的1週左右，將豬肉整個均勻抹上鹽，放進密封袋中醃一～二晚。

②將①表面的鹽沖洗掉，在鍋中擺進薑片與蔥段，再放進豬肉，加進可淹過肉的水後開大火煮。

③水滾了之後轉中火，仔細撈除浮沫，再將火關小到不會煮滾的程度煮1個小時，水若減少了再加進一些，維持在淹過肉的狀態。

④將A放入調理盆中，均勻混合。拉1張保鮮膜或是鋁箔紙，將混合好的味噌均勻塗在上面，把煮好的豬肉塊瀝乾後放在味噌上捲起，使豬肉整塊都能被味噌包覆。裝進密封袋中，放冰箱冷藏約5天左右可入味（最少醃3天）。

⑤取出豬肉，切成薄片，盛盤，點綴上蔥絲（只取蔥白的部分）。也可依個人喜好再加上柚子胡椒或一味粉。

＊照片中的成品是將味噌洗掉，但也可以不洗掉味噌直接切片來吃，雖然口會較重，卻更好下酒（啤酒或日本酒）或配飯。

飛龍頭

› 作法 p.114

龍田炸雞塊

＞作法 p.114

筍皮清湯

> 作法 p.115

照燒竹筍

> 作法 p.115

飛龍頭

豆腐與豆腐加工產品因為沒有季節產量的問題，
是家庭料理中不可或缺、最經濟實惠的食材。
飛龍頭若是加了高湯也很好吃，
但剛炸好不勾芡汁直接吃，熱呼呼地更美味。

■材料（4～5人份）

木綿豆腐……1塊
紅蘿蔔……2cm
乾燥木耳……3朵
高湯……3大匙
醬油……1小匙
山藥泥……2大匙
鹽……1/2小匙
炸油……適量

■作法

①木綿豆腐以廚房紙巾包覆，上頭壓上砧板等重物，擠出水分。
②紅蘿蔔去皮，乾燥木耳以溫水泡開，各自切成2cm長的細絲。
③取一鍋，將高湯、醬油及②的食材倒進去快速煮一下。
④將①倒入調理盆中，以手揉捏成碎塊，將山藥泥與③中的蔬菜絲瀝去水分加進豆腐泥中，加鹽後充分混合，捏成圓球狀。
⑤炸油加熱至170℃，將④的圓球稍微壓一下後放入油中炸，炸出金黃色後即可起鍋。

龍田炸雞塊

昭和40年代左右，
炸雞塊都還會很清楚地以唐揚炸與龍田炸區分。
在和食屋吃的炸雞為龍田炸，
在洋食屋吃到的則是以鹽、胡椒調味的唐揚炸。
龍田炸的雞塊
因是以醬油、酒作為調味的基底醃過雞肉後才去炸，
雞塊帶點紅褐色，
據說是因此而以紅葉聞名的龍田川為名，
取為龍田炸。

■材料（4～5人份）

去骨雞腿肉……3片
A［酒、醬油……各3大匙
　柚子胡椒……1大匙
片栗粉……適量
糯米椒……4～5本
炸油……適量

■作法

①雞腿肉剔除多餘的脂肪、筋膜，切成一口大小（1大片約切成6～8塊）。
②將A放進調理盆中混合，加進①後，將醬料充分與肉揉合，放30分鐘入味。
③糯米椒順向劃刀不切斷。
④將太白粉均勻裹在②上，炸油還不太熱時將雞肉下鍋，以小火慢炸。當雞肉表面轉成漂亮的金黃色，從鍋底浮上來時即可起鍋。
⑤糯米椒下鍋炸10秒左右即可撈起。

筍皮清湯

每當有竹筍料理時，
都會把筍子尖端最嫩的筍皮
拿來做涼拌或是煮湯，
一物多用，
毫不浪費地享受新鮮食材，
這是我對季節、對食材表達敬愛的方法。

■材料（4～5人份）
筍皮……竹筍1根
高湯……5杯
鹽……1/2小匙
醬油……1小匙
木之芽（山椒葉）……4～5小株

■作法
①筍絨是竹筍尖端最嫩的部分，避開硬脆的筍肉，只取軟嫩的部分，順著纖維切成5㎜的細絲。
②將高湯煮至溫熱，加鹽與醬油調味後，放進①。高湯若是煮滾，香氣會蒸發掉，因此都只用中小火慢煮。
③將②倒進器皿中，裝飾上木之芽即完成。

照燒竹筍

現今蔬菜一年四季都吃得到，
不太會受限於季節，
然而新鮮的竹筍還是只有早春才會出現，
因此每到春筍上市的季節，
我就一定會想要料理、想吃竹筍！
《日日》的夥伴們所喜愛的竹筍料理是簡單的若竹煮，
但這次的感謝餐會我決定用七輪升起炭火，做照燒竹筍。

■材料（4～5人份）
竹筍（已先水煮熟透）……中型1支
醬油、味醂……各3大匙
木之芽……適量

■作法
①竹筍下半部切成7㎜左右的圓片，上半部較嫩的部分縱切成4塊。（若是較大支的竹筍則可切成8塊）。
②將①放在炭火上烤，用刷子塗上以醬油、味醂調合的醬汁烤至金黃。盛盤，飾以木之芽即完成。

＊若是用瓦斯烹調，可以放在烤魚網上，以中小火烤。
＊水煮竹筍的方法　以斜刀切除頂端，再於筍子身上縱向劃幾刀。放進鍋中，加進蓋過所有竹筍的水，加米糠、1根完整的辣椒一起煮，以中小火煮約1個小時，以竹籤可輕易穿刺過即可停火，置於鍋中放涼後除去外殼，浸於水中待用。

蠶豆泥拌根菜

山形的鄉土料理有道知名的「豆泥拌蔬菜」，豆泥的食材使用的是毛豆；在東京也有類似的作法是以蠶豆泥來拌蔬菜，因兩者的發音上接近，說不定是同源呢！初夏的涼拌菜之中，我最喜歡的一道。

■材料（4人份）
蠶豆……２００g
紅蘿蔔……１根
蓮藕……１小節
高湯……１杯
醬油……１小匙
味醂……１大匙
砂糖……２大匙
鹽……１小撮

■作法
①紅蘿蔔與蓮藕去皮，切成1cm的小丁。
②將高湯、醬油、味醂與①放入鍋中，以中火煮至蔬菜丁變軟。
③蠶豆以鹽水（分量外）煮至變軟後撈起，剝去外層的薄膜。
④將③放入調理盆中，以叉子或湯匙壓碎，加入砂糖及鹽後攪拌，再加入②瀝去湯汁的蔬菜丁，充分混合即完成。

＊照片中使用的是京都產的紅蘿蔔。

芝麻醋拌雞肉小黃瓜

現在一年四季都會生產的小黃瓜，在昭和時代是只有夏天才吃得到的蔬菜，通常會拿來做漬物或是涼拌，一整個夏天都會出現在餐桌上。
這道涼拌菜用三杯醋來拌也不錯，用芝麻醋則能讓味道多了一分深度。

■材料（4人份）
雞里肌肉……3條
鹽……少許
酒……1大匙
小黃瓜……2根
炒黑芝麻……4大匙
砂糖、醬油……各2大匙
醋……1大匙

■作法
①雞里肌去筋，撒上鹽、酒後，微波加熱5分鐘，手撕成細絲。
②小黃瓜縱切對半，用湯匙挖除籽後斜切成薄片，抓鹽（分量外）放10分鐘後，將澀水倒掉，沖水洗去鹽分後，用力擰乾。
③將黑芝麻倒入磨缽之中，磨至有少許油脂出現的程度。磨好的芝麻再與砂糖、醬油、醋一同混合。
④在③中加上①、②後攪拌均勻，即可盛盤。

浸煮綠蔬菜

吃日式料理時，若想要有綠色蔬菜上桌，我常會做這道浸煮蔬菜。
將蔬菜浸泡在調味比一般湯稍重的湯汁裡，將已燙熟的蔬菜泡進去就大致完成。
當一次有很多人一同用餐時，我也會用炸過的根菜類來浸泡，簡單又能一次做很大量。

■材料（4人份）
甜豆莢……12支
青花筍……8支
黑胡椒……適宜
〔浸煮醬汁〕
高湯……2杯
鹽……1小匙
醬油……1小匙

■作法
①甜豆莢撕去硬絲，青花筍從硬莖切下可食用的部分。
②熱水加鹽（分量外），將①放進去燙熟後撈起放進冷水中，瀝乾備用。
③將浸煮湯汁的材料都倒進鍋中，開中火煮至鹽溶化之後放冷。
④將③已冷卻的蔬菜放進②的湯汁之中，放進冰箱去直到要吃之前才取出，依個人喜好撒上黑胡椒食用。

夏蜜柑果凍

即使做了夏蜜柑綜合壽司，還剩下很多夏蜜柑吃不完的時候，拿來做了果凍一樣大受好評。

好吃的重點

在於做出快變固體又還不是的柔軟度。

■材料（4人份）

夏蜜柑……1顆（榨汁約1杯）

吉利丁粉……4g

冰糖……30g

檸檬汁、君度橙酒……各1大匙

■作法

①夏蜜柑從頭部1/4處切開，以榨汁器榨取果汁，再將果汁經濾茶網瀝過。吉利丁粉以30cc的開水（分量外）沖開。

②將夏蜜柑果汁加水做成300cc的稀釋果汁，加冰糖一塊加熱，沸騰之後轉小火，倒入①的吉利丁水及檸檬汁（若夏蜜柑果汁已夠酸了，就不必再加檸檬汁）、君度橙酒，水滾後立刻關火。

③將煮②的鍋子放進淹過鍋底的冷水中散熱，果汁涼了之後倒進已挖除果肉的夏蜜柑之中，放進冰箱冷藏。

＊1個可縱切2等分或4等分來吃。

＊每顆夏蜜柑的果汁量或酸味有很大的差別，請視狀況調整。

《日日》夥伴的喜好
土鍋料理

攝影——公文美和、廣瀨貴子

飛田和緒　土鍋蒸蔬菜

將當季蔬菜依煮熟所需要的時間長短擺進鍋中，較難熟的先放進去，再依次放快熟的蔬菜一起蒸。照片中的蔬菜從上方順時針依序為蓮藕、牛蒡、小芋頭、地瓜、鮮香菇與茄子，色彩繽紛的蔬菜，十分勾人食欲。由於只要有蔬菜，作法就只是放進土鍋去蒸熟即可，一年到頭都會有這道土鍋料理。

蒸熟的蔬菜保有原汁原味，十分好吃。我們家通常會準備好幾種的蘸醬，大家各自依喜好自己調味來吃。常見的調味料有鹽加橄欖油、柚子胡椒以及蔥花味噌，大蒜醬油加美奶滋也很不錯。依蘸醬的風味，有時像是吃西餐有時是中華料理。

久保百合子　雞肉丸子火鍋

這道料理是我剛開始從事攝影工作時遇見的，由於是第一次又連續好幾道菜都好好吃，實在是太開心了，於是向廚師詢問了作法，回家自己也試做，這道雞肉丸子火鍋便從那時學會以來到現在也一直會做來吃。

材料是雞肉丸子、蔥、牛蒡絲、韮菜，有時也會加水芹、舞菇等。雞肉丸子是用雞絞肉加香菇丁、蔥花，以蛋白、太白粉增加黏稠度去捏出來的，然後重要的蘸醬雖然只是用蛋黃、醬油及大量的柴魚片去調和，但不知為何光是這樣就好吃得不得了。此外也會準備酸橘醋或柚子胡椒。

土鍋是在伊賀的土樂窯買的。

坂田阿希子　酸菜白肉鍋

在大量的雞骨高湯裡放進已泡開的乾燥香菇、干貝、蝦米，接著倒入整瓶的酸白菜罐頭煮滾後，再加自己喜歡的火鍋料。火鍋料蘸大量的蘸醬加香料蔬菜，與酸白菜一同入口。

這一天準備的火鍋料有豬五花與羊火鍋肉片，青江菜、奶油萵苣、烏塌菜。蘸醬以芝麻醬為基底，再加進醬油、豆腐乳、黑醋調和，也可以依個人喜好加芝麻粉、豆瓣醬、辣椒加味。香料蔬菜可用香菜、蒜泥、薑泥、蔥花等。依自己的口味調成的醬汁加上一點湯，與肉、蔬菜一起吃也很美味。

高橋良枝　白雪鯖魚鍋

隨著天氣轉涼，火鍋料理出場的機會也越來越多。鯖魚雖是一年到頭都買得到，然而最肥美的時節還是寒冬之時。鯖魚去骨片下魚身，浸過酒與醬油之後，抹上些許的太白粉下油鍋去炸成龍田魚片後，放進鍋中與大量的蘿蔔泥一塊煮。

湯底是柴魚高湯加上酒、味醂、醬油，較一般的湯稍重的口味，火鍋料僅有簡單的豆腐與水芹，水芹是要吃的時候才下鍋煮。這鍋最重要的美味關鍵在於蘿蔔泥，所以一定要準備足量。

《日日》夥伴的喜好
吐司的吃法

攝影——公文美和、廣瀨貴子

飛田和緒

烤奶油吐司

我喜歡將邊邊烤得稍硬，一口咬下，「咔滋」作響、口感爽脆的烤吐司。視當天的心情而定，有時切得薄一點，有時切成厚片，進烤箱烘烤得金黃酥脆，上面抹上大量的發酵奶油，不論是趁著奶油融化之前咬一口還是等奶油融了，滲進麵包裡再吃，都美味得令人受不了。

初夏我住在長野的母親會寄來她在家中自有菜園裡種植的草莓、藍莓所做的果醬，也跟烤吐司很合，讓人想要一片接著一片吃下去。烤吐司可以搭配各種季節美味，樂趣無窮。

久保百合子

鮪魚鯷魚三明治

這款名叫 Primavera（西班牙文的意思是「春天」）的三明治，第一次在西班牙巴塞隆納吃到時讓我驚為天人。那是在一家賣午餐的老字號小酒館吃到的，老闆隨手抓起冰櫃裡的鮪魚、鯷魚、黑橄欖片等食材，迅速俐落夾進少說有30公分長的棍子麵包，就是一份豪邁的三明治。因為實在太好吃，回到日本之後我常想起，就自己動手做。家裡沒有黑橄欖，就用陽台上種的蒔蘿代替。

公文美和

奶油花生醬＋楓糖漿

吐司切成2cm左右的厚片，盡情地淋上楓糖漿、塗抹無糖奶油花生醬就是我最愛的吃法。至於吐司要不要先烤過，則視當時的心情而定。如果是剛出爐、熱呼呼的麵包，就不必烤了。平常吐司我只烤單面，在烤過的那一面塗上滿滿的奶油花生醬，連麵包邊都要塗到。麵包邊的口感並沒有那麼軟嫩，是以塗上奶油花生醬吃起來才會順口。沖杯濃濃的咖啡或紅茶搭配，這是我每天早上的固定儀式。

坂田阿希子

軟嫩炒蛋三明治是青春的滋味

一買到剛出爐的鬆軟吐司，就好想做這道夾著鬆軟炒蛋的三明治。這道是我模仿新潟一家咖啡廳做的，打從我高中時就愛上了，百吃不厭。記得我第一次吃到時覺得實在太好吃，忍不住又追加一份。喜歡到至今我每次回鄉必定光顧那家咖啡廳，點一份炒蛋三明治。無論做給誰吃，保證大受歡迎，令人讚不絕口。訣竅就是使用剛出爐的鬆軟麵包，而且一定要現做現吃！

《日日》夥伴的喜好 器皿與餐點

攝影——日置武晴、公文美和

公文美和

堀井和子的盤子

這是在2004年堀井和子的個展上所買到的，由堀井設計的盤子。金黃的鑲邊與正中央所描繪的苦瓜圖案加上有溫度的白色，在在都讓我喜歡。常拿來裝麵包、起司、水果乾或小點心等。

久保百合子

小碗公

據說是中國清朝的製品。咧嘴而笑的龍圖騰十分可愛，邊緣的藍線有些缺陷反而讓整體的感覺更好。我很喜歡吃台灣料理，常拿這個小碗公裝湯、乾麵、豆腐、滷肉飯，邊吃邊想著好想再去台灣玩。於京都的古董店「畫餅洞」購入。

飛田和緒

各式小碟子

小碟子可以拿來裝香料蔬菜、鹽、胡椒等調味料，或是佃煮、醬菜等等，在每日餐桌從未缺席。剛煮好有白飯、一碗湯，再加上一、兩盤裝在小碟子裡的配菜，便是一個人用餐時的餐桌風景。

高橋良枝

木製的器物

據說這個器皿在韓國是用來舀穀物的道具，我平常將它放在櫃子上，裝水果炭作為裝飾，偶爾也裝剛蒸好的馬鈴薯等當作簡單的餐盤來使用。經過長期使用而養出的木紋是我最喜歡的地方。於京都的「kit」購入。

向我的美食同好們說聲多謝款待！

文——高橋良枝

「來做一本我們自己的雜誌吧？」

在聚餐中隨口提意的一句話，成了這一切的開始。每每想到好玩的事就暴走的我，從來學不會去考慮前因後果就這麼往前衝去。

「就來做些大家想做、喜歡做的事情吧」，靠著這句話去說服大家來參與。因此從《日日》創刊號到第10集請到平面設計師赤沼昌治來操刀；封面的藝術照片是由日置武晴拍攝，木工設計師三谷龍二與藝廊「桃居」的廣瀨一郎也在我的請託之下加入，此外還有一次在松本邂逅了為本誌描繪細緻插畫的田所真理子。

「最近，有一對年輕夫妻來到松本，其中的太太真理子小姐畫的插畫很不錯喔！」因為三谷龍二的一段話，並為我們引介了彼此，當場就請她為我們畫插畫，從創刊號開始一直合作到現在。

11集開始擔任設計工作的是渡部浩美，伊藤正子自19集起加入我們的行列，之後密集地參與了台灣特集、便當特集的製作，慢慢地建造出正子的世界。攝影師廣瀨貴子是從第7集加入的夥伴，《日日》裡有3位料理家，攝影師也有3位，在這有限的人力之下，支持著一路至今。

這本書是因為某次編輯金杉安佐子提議說：「要不要在10週年時將《日日》雜誌裡的內容整理成1本書呢？」將這10年來一點一滴的成果整理成1本書，十分感激她的提案，這本書也是送給每位協助《日日》製作的夥伴們的禮物。

10年來的美味濃縮收錄在此，分享給所有讀者，一同品味。

2015年4月

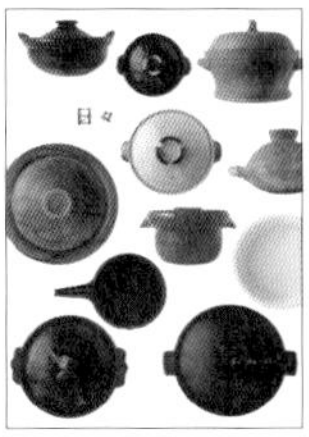
No.25

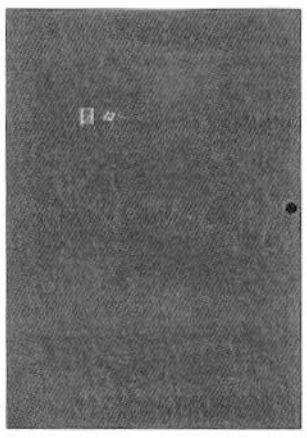
No.19

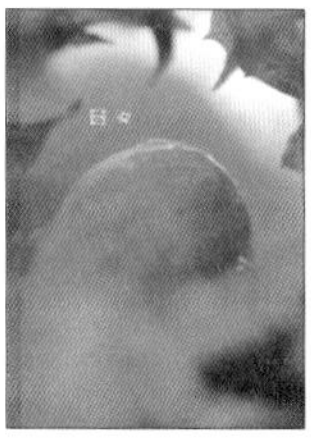
No.13

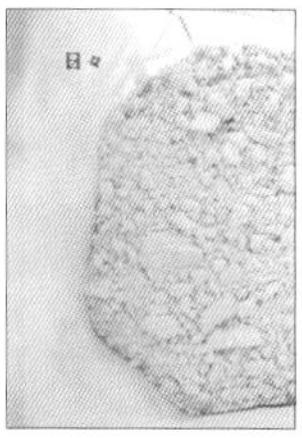
No.7

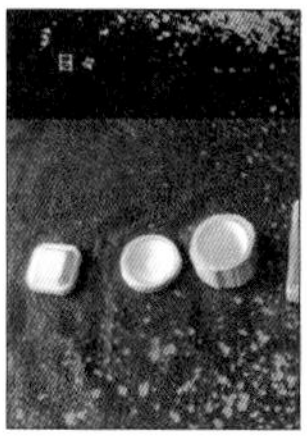
No.1

No.26

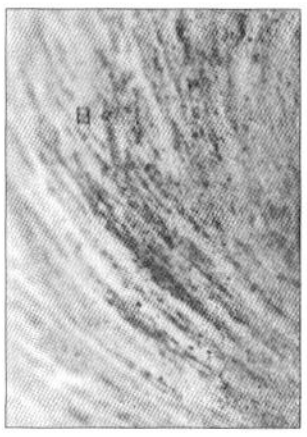
No.20

No.14

No.8

No.2

台灣特集

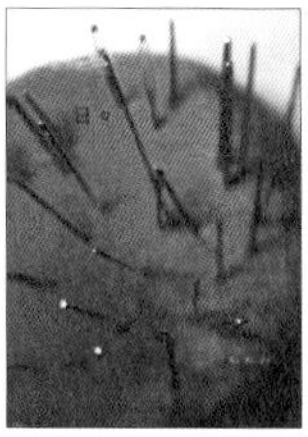
No.21

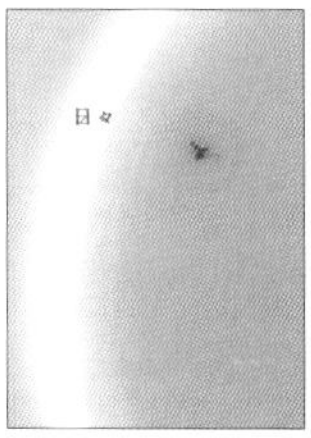
No.15

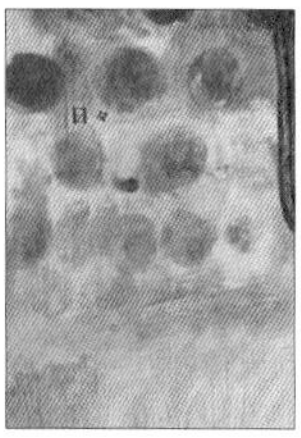
No.9

No.3

台灣特集 2

No.22

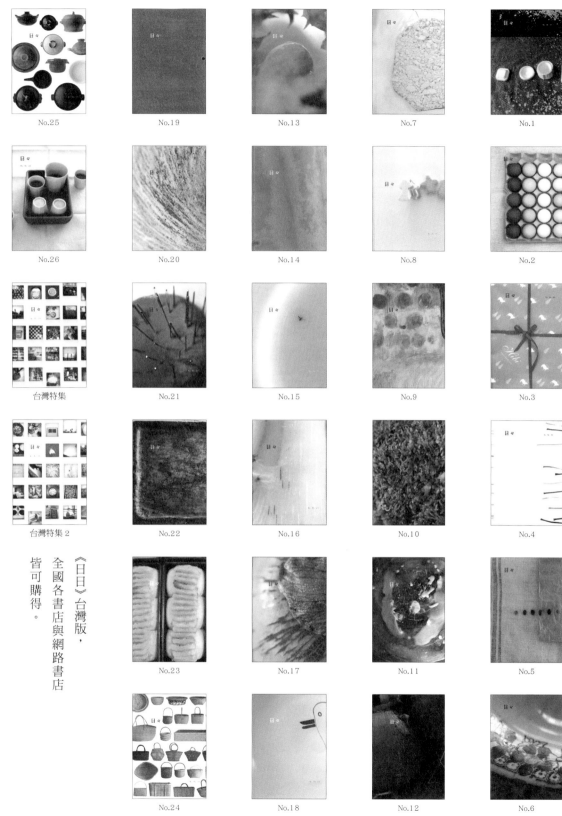

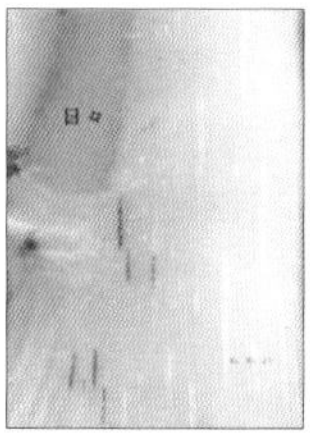
No.16

No.10

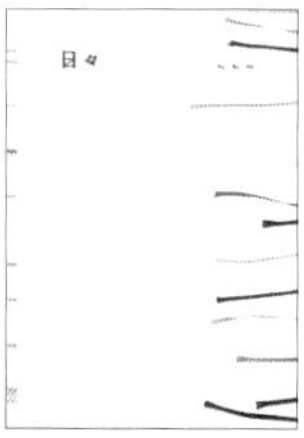
No.4

《日日》台灣版，全國各書店與網路書店皆可購得。

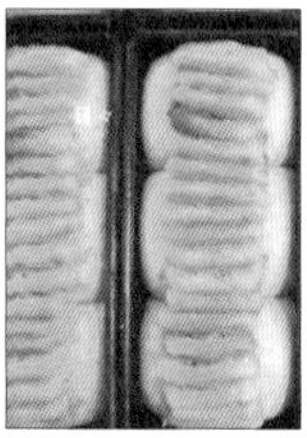
No.23

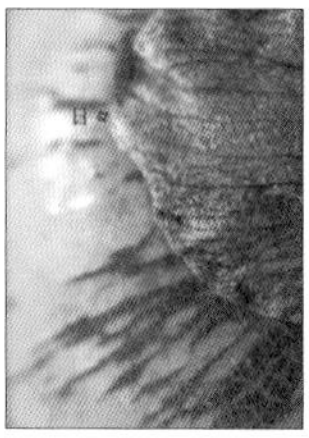
No.17

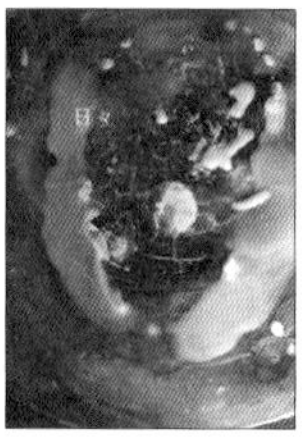
No.11

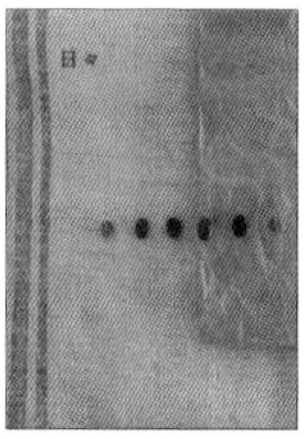
No.5

No.24

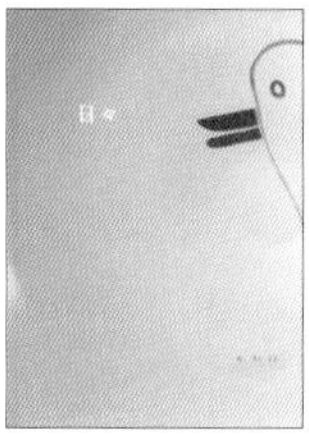
No.18

No.12

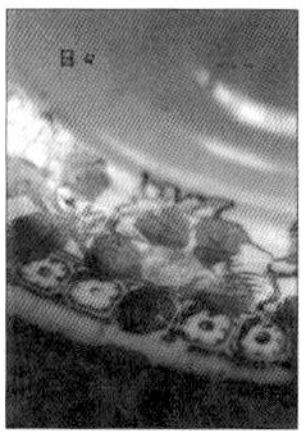
No.6

高橋良枝

《日日》總編輯。1942年出生於橫濱。以編輯的身分，參與許多書籍、雜誌、公關誌的編輯工作。2004年與料理家飛田和緒、攝影師公文美和，料理造型師久保百合子，創辦以料理、器物與旅行為主題的《日日》生活誌。為了喜愛與有興趣的事物東奔西跑。在年過70的今天，仍以輕逸的節奏進行著採訪。探訪過的人與地方已不知其數，織寫著手作人們的生活與小故事。

『日々』HP　http://www.iihibi.com

《日日》台灣版 Facebook　https://www.facebook.com/hibi2012

日文版設計
渡部浩美

料理、撰文
飛田和緒、細川亞衣、坂田阿希子、高橋良枝

攝影
日置武晴、公文美和、廣瀨貴子

插畫
田所真理子

擺盤造型
久保百合子

國家圖書館出版品預行編目資料

日日料理帖 / 高橋良枝等著；王淑儀譯
- 初版 . -- 臺北市：大鴻藝術，2017.1
128 面；19×25 公分 --（藝 生活；16）
譯自：「日々」のごちそう帖
ISBN 978-986-94078-1-6（平裝）
1. 食譜

427.1　　105023395

藝生活016

日日料理帖

原書名　「日々」のごちそう帖
編著　高橋良枝
譯者　王淑儀
責任編輯　賴譽夫
排版　L&W Workshop

主編　賴譽夫
行銷公關　羅家芳
發行人　江明玉
出版發行　大鴻藝術股份有限公司—大藝出版事業部
台北市103大同區鄭州路87號11樓之2
電話：(02)2559-0510　傳真：(02)2559-0502
E-mail：service@abigart.com

總經銷　高寶書版集團
台北市114內湖區洲子街88號3樓
電話：(02)2799-2788　傳真：(02)2799-0909

印刷　韋懋實業有限公司
新北市235中和區立德街11號4樓
電話：(02)2225-1132

2017年1月　初版1刷
定價350元　ISBN 978-986-94078-1-6

最新大藝出版書籍相關訊息與意見流通，請加入Facebook粉絲頁
http://www.facebook.com/abigartpress